菓子，
西式&日式/热烤&冷冻

【日】主妇之友社　主编　　谷雨 译

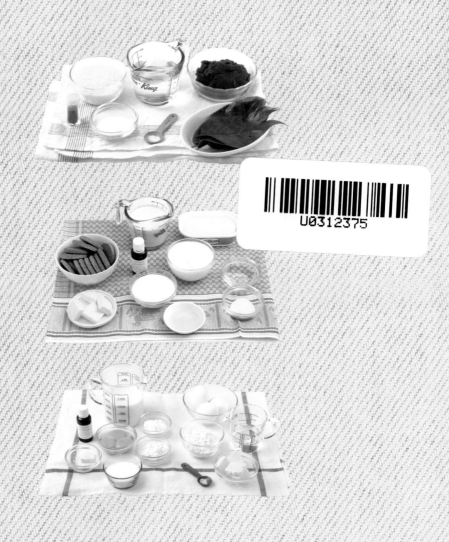

光明日报出版社

Contents 目 录

材料的正确称量方法

要想制作出美味的点心，那就一定要恪守菜谱中材料的用量。
随便称量是制作失败的主因。因此一定要时刻谨记正确称量食材用量。

电子秤　称量勺

放在水平的台面上称量
倾斜的桌面会导致称量数据不准确，因此称量时请将电子秤放在水平的位置进行。称量粉类等时，需要先将碗放在称上，设置数据为0后再向内添加材料。

量勺称量
粉类或砂糖等舀起一勺后表面会隆起，使用抹平棒或勺子把等从一端划过抹平表面。

手动称量　称量杯

手指捻动称量
所谓的"1小撮"指的是用食指、中指、拇指这3根手指捏起的一撮，为1/4～1/5小勺。而"少许"则是指用食指与拇指轻轻捏起的分量，约为1/8小勺。

查看横截面称量
杯中放入液体后，将杯子放在水平桌面上查看横面刻度。1杯为200mL。

4

觉拌的基础

将奶油等材料放入碗中，一边保持低温一边打发至喜欢的硬度。

六分发
提起后，奶油呈稠糊状慢慢滴落的状态。

七分发
提起后，奶油呈细线状滴落的状态。

八分发
提起后，盆中奶油的前端呈稍微立起的状态。

九分发
提起后，盆中奶油的前端呈牢固三角形的状态。

制作蛋白霜

将蛋白打发至出现半透明的泡沫后，加入一撮细砂糖。之后分数次加入细砂糖继续打发。直至蛋白打发出光泽，且提起搅拌器后蛋白呈三角形立起即可。

室温软化黄油

将黄油切成厚约1cm的块，室温放置20～30分钟，用手指轻压可压扁即可。

筛粉

高筋面粉、低筋面粉、全麦粉、杏仁粉等粉末状材料称量后必须使用面粉筛或万能过滤器进行过筛。放在距离大碗或纸15cm的高度过筛2次即可。

洋菓子

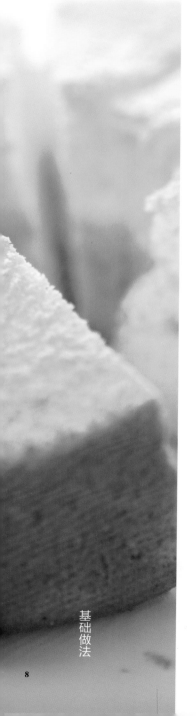

海绵蛋糕

材料
（直径18cm的圆形蛋糕模具1个份）
海绵蛋糕面团
低筋面粉……80g
鸡蛋……3个
细砂糖……80g
黄油（无盐）……20g

事前准备
- 低筋面粉过筛。
- 鸡蛋室温放置恢复常温。
- 黄油放入耐热容器中，用微波炉（600W）加热约20秒。
- 烤箱180℃预热。

← 详细步骤参照P.10

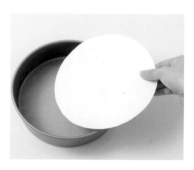

1 准备模具
模具底部铺一张烘焙纸。

↓

2 鸡蛋加细砂糖搅拌
碗中打入鸡蛋，使用打蛋器一边粗略搅拌一边加入细砂糖。

↓

隔水加热

3 一边加热一边打蛋
将碗放入80℃左右的热水中，一边加热一边搅打鸡蛋。

4 打发至线状滴落
提起打蛋器后蛋液呈线状滴落即可。

↓

5 加入面粉和黄油
加入低筋面粉后使用橡胶刮刀切拌，再加入溶化的黄油搅拌。

↓

6 烤好后脱模散热放凉
将面糊倒入模具中，放入180℃的烤箱内烘烤20～25分钟。烤好后脱模，放在蛋糕架上散热放凉。

戚风蛋糕

材料
（直径17cm的戚风蛋糕模具1个份）
面团
低筋面粉……70g
发酵粉……1小勺
A 蛋黄……3个
　 细砂糖……30g
色拉油……40mL
牛奶……30mL

B 蛋白……3个份
　 细砂糖……30g

事前准备
● 低筋面粉与发酵粉混合后过筛。
● 鸡蛋室温放置恢复常温。
● 烤箱170℃预热。

← 详细步骤参照P.14

1 A中的蛋黄与细砂糖搅拌
碗中放入蛋黄搅散，再加入细砂糖搅打出黏性。

↓

4 制作蛋白霜
另取一个碗放入蛋白，加入1小撮细砂糖，打发至前端可竖起三角形。

↓

不要让蛋白霜消泡

7 完全混合
充分搅拌至用橡胶刮刀提起面糊后，面糊呈带状大面积滴落即可。

↓

2 依次放入色拉油、牛奶搅拌
提起打蛋器后，蛋液呈线状滴落即可。

↓

直至前端呈现三角形

5 加入剩余的细砂糖打发
分2次加入剩余的细砂糖，打发至提起打蛋器后前端呈现三角形。

↓

8 倒入模具
从较高的位置将面糊倒入模具中。

↓

3 加入粉类
用打蛋器搅拌至看不见粉类。

6 分3~5次加入
分3~5次将蛋白霜加入蛋黄糊中，用橡胶刮刀从碗底开始翻拌。

倒置模具防止蛋糕凹陷

9 放入烤箱中烘烤、散热放凉
将模具放入170℃的烤箱内烘烤35~40分钟。烤好后取出，不脱模，倒置散热放凉。

Sponge cake

海绵蛋糕

最关键之处在于充分打发鸡蛋与细砂糖。这样才能做出松软有光泽的蛋糕。

淡奶油

樱桃白兰地

草莓

低筋面粉

鸡蛋

材料（直径18cm的圆形模具1个份）

蛋糕
低筋面粉……80g
黄油（无盐）……20g
鸡蛋……3个
细砂糖……80g

糖汁
细砂糖……10g
樱桃白兰地……1小勺
水……2大勺

装饰
草莓……20个
淡奶油……300g
细砂糖……20g
白巧克力……适量

细砂糖

黄油

细砂糖

白巧克力

细砂糖

事前准备
- 模具底部铺一张烘焙纸。
- 低筋面粉过筛。
- 鸡蛋室温放置恢复常温。
- 黄油放入耐热容器中，用微波炉（600W）加热约20秒。
- 烤箱180℃预热。
- 混合糖汁材料，煮沸后放凉。
- 取12个草莓留做装饰，剩余的草莓切片。
- 裱花袋搭配星形裱花嘴安装好。

做法（参照P.8）
1 碗中打入鸡蛋，使用打蛋器一边粗略搅拌一边加入细砂糖。
2 隔水加热打发鸡蛋，直至提起打蛋器后蛋液呈线状滴落即可。
3 加入低筋面粉后使用橡胶刮刀切拌。
4 加入软化的黄油搅拌后，将面糊倒入模具中。
5 将模具放入180℃的烤箱内烘烤20～25分钟。烤好后脱模散热放凉。
6 切成两份，每份均用刷子刷上糖汁。
7 碗中加入淡奶油和细砂糖，打至八分发。在下面一层的海绵蛋糕上按照一层奶油、一层草莓片、一层奶油的顺序涂抹摆放，最后用刮刀抹平奶油表面，将另一片海绵蛋糕盖在上面，用奶油涂抹蛋糕的侧面和顶部。将剩余的奶油放入裱花袋中在蛋糕表面裱花，摆放切开的草莓，撒上碎巧克力做装饰即可。

可可面团

材料（直径18cm的圆形模具1个份）
低筋面粉……60g
可可粉……15g
鸡蛋……3个
细砂糖……80g
牛奶……30mL

事前准备
● 低筋面粉与可可粉混合过筛。

做法
参照P.10海绵蛋糕面团的做法，将4中的黄油替换成牛奶即可。

蜂蜜面团

材料（直径18cm的圆形模具1个份）
低筋面粉……80g
鸡蛋……3个
细砂糖……70g
蜂蜜……25g
牛奶……30mL

做法
参照P.10海绵蛋糕面团的做法，在1中打散鸡蛋时加入蜂蜜，将4中的黄油替换成牛奶即可。

红茶奶油

材料
（易制作的分量）
淡奶油……200g
细砂糖……20g
红茶粉……2小勺

做法
将材料放入碗中打至八分发即可。

巧克力奶油

材料
（易制作的分量）
淡奶油……200g
巧克力……60g

做法
1 将60g淡奶油放入锅中煮沸。
2 将切碎的巧克力放入碗中，再倒入1搅拌至顺滑。
3 加入剩余的淡奶油打至八分发。

红豆奶油

材料
（易制作的分量）
淡奶油……200g
煮红豆……200g

做法
碗中放入淡奶油打至八分发。加入煮红豆混合搅拌即可。

蓝莓奶油

材料
（易制作的分量）
淡奶油……200g
蓝莓酱……100g

做法
碗中放入淡奶油打至八分发。加入蓝莓酱混合搅拌即可。

Roll cake

瑞士卷

华丽的横截面展现了水果与奶油的完美组合。些许硬度的奶油让蛋糕卷起来更容易。

淡奶油
低筋面粉
鸡蛋
樱桃白兰地
细砂糖
水
牛奶
黄油
细砂糖
黄桃
细砂糖

材料
（30cm×30cm的烤盘1个份）
蛋糕面团
低筋面粉……100g
黄油（无盐）……30g
鸡蛋……4个
细砂糖……80g
牛奶……2大勺
糖汁
水……4大勺
细砂糖……30g
樱桃白兰地……2小勺
奶油
淡奶油……200g
细砂糖……20g
黄桃（罐头）……2块

事前准备
● 烤盘底部铺一张烘焙纸。
● 低筋面粉过筛。
● 鸡蛋室温放置恢复常温。
● 黄油放入耐热容器中，放入微波炉（600W）加热约20秒。
● 烤箱180℃预热。
● 混合糖汁材料，煮沸后放凉。
● 黄桃切成1cm大小的块。

做法
1 碗中打入鸡蛋，使用打蛋器一边粗略搅拌一边加入细砂糖。
2 隔水加热打发鸡蛋，直至提起打蛋器后蛋液呈线状滴落即可。
3 加入低筋面粉后使用橡胶刮刀切拌。
4 依次加入软化的黄油、牛奶后搅拌，将面糊倒入烤盘中。
5 将烤盘放入180℃的烤箱内烘烤20分钟。
6 将烤好的蛋糕脱模散热放凉。放凉后用保鲜膜将蛋糕包住放入冰箱冷藏。在蛋糕有烤色的一面涂抹糖汁。
7 碗中加入淡奶油和细砂糖打至八分发。将奶油多次涂抹在蛋糕上，撒上黄桃，卷起蛋糕即可。

枫糖浆面团

材料
（30cm×30cm的烤盘1个份）
低筋面粉……100g
鸡蛋……4个
细砂糖……50g
黄油（无盐）……30g
牛奶……2大勺
枫糖浆……30g

做法
参照P.12瑞士卷的做法，在1中打散鸡蛋时加入枫糖浆即可。

咖啡面团

材料（30cm×30cm的烤盘1个份）
低筋面粉……100g
鸡蛋……4个
细砂糖……80g
A 牛奶……2大勺
　 速溶咖啡……10g

事前准备
将速溶咖啡与牛奶搅拌均匀。

做法
参照P.12瑞士卷的做法，将4中的软化黄油和牛奶替换成A即可。

抹茶奶油&红豆

材料（易制作的分量）
淡奶油……200g
白巧克力……80g
抹茶粉……1小勺
水……1小勺
顶部装饰
煮红豆……100g

做法
1 将60g淡奶油放入锅中煮沸。
2 将切碎的巧克力放入碗中，再倒入1搅拌至顺滑。
3 抹茶粉用水溶解。
4 加入2、3和剩余的淡奶油，打至八分发。

橘子奶油&橘子皮

材料（易制作的分量）
淡奶油……200g
细砂糖……10g
橘子皮……10g
橘子酱……20g
顶部装饰
橘子皮……50g

做法
1 将10g橘子皮切碎。
2 将淡奶油和细砂糖放入碗中打至八分发。
3 加入1和橘子酱搅拌均匀即可。

黑糖奶油&黑豆

材料（易制作的分量）
淡奶油……200g
黑糖……20g
顶部装饰
甜煮黑豆……100g

做法
将材料放入碗中打至八分发即可。

草莓奶油&草莓

材料（易制作的分量）
淡奶油……200g
草莓酱……100g
顶部装饰
草莓……200g

做法
将淡奶油放入碗中打至八分发。加入草莓酱搅拌均匀即可。

Chiffon cake

戚风蛋糕

绵密松软的戚风蛋糕不添加任何装饰依然美味无比。吃一口就能感受到点心的温暖。

低筋面粉　　蛋黄　　蛋白　　淡奶油

牛奶　　色拉油　　细砂糖　　细砂糖

细砂糖　　发酵粉

材料
（直径17cm的戚风蛋糕模具1个份）
面团
低筋面粉……70g
发酵粉……1小勺
A| 蛋黄……3个
　| 细砂糖……30g
色拉油……40mL
牛奶……30mL
B| 蛋白……3个份
　| 细砂糖……30g
装饰
淡奶油……100g
细砂糖……10g

事前准备
- 低筋面粉与发酵粉混合后过筛。
- 鸡蛋室温放置恢复常温。
- 烤箱170℃预热。

做法（参照P.9）
1 碗中放入A中的蛋黄打散，加入细砂糖搅打至有黏性。
2 放入色拉油和牛奶搅拌均匀。
3 加入粉类，用打蛋器搅拌至看不见粉末。
4 制作蛋白霜（参照P.5）。另取一个碗放入B中的蛋白，加入1小撮细砂糖打发至前端可竖起三角形。再分2次加入剩余的细砂糖，打发至提起打蛋器后前端呈现三角形。
5 将4的蛋白霜分3次加入3中，用橡胶刮刀翻拌均匀。
6 将面糊倒入模具中，再放入170℃的烤箱内烘烤35～40分钟。
7 烤好后取出，不脱模，倒置散热放凉。
8 将淡奶油和细砂糖放入碗中打至八分发，放在切开的蛋糕旁。

红豆面团

材料
（直径17cm的戚风
蛋糕模具1个份）
低筋面粉……70g
发酵粉……1小勺
A 蛋黄……3个
　细砂糖……30g
色拉油……30mL
B 蛋白……3个份
　细砂糖……30g
煮红豆……200g

做法
参照P.14戚风蛋糕的做法，将2中
的牛奶替换成煮红豆即可。

橙子面团

材料（直径17cm的戚
风蛋糕模具1个份）
低筋面粉……70g
发酵粉……1小勺
A 蛋黄……3个
　细砂糖……30g
色拉油……40mL
橙子汁……50mL
橙子皮泥……适量
B 蛋白……3个份
　细砂糖……30g

做法
参照P.14戚风蛋糕的做法，将2中
的牛奶替换成橙子汁和橙子皮泥即
可。

抹茶面团

材料
（直径17cm的戚风
蛋糕模具1个份）
低筋面粉……60g
发酵粉……1小勺
A 蛋黄……3个
　细砂糖……30g
色拉油……30mL
抹茶粉……10g
水……40mL
B 蛋白……3个份
　细砂糖……30g

事前准备
● 低筋面粉和发酵粉混合后过筛。
● 抹茶用水溶解。

做法
参照P.14戚风蛋糕的做法，将2中
的牛奶替换成抹茶水即可。

可可面团

材料
（直径17cm的戚风
蛋糕模具1个份）
低筋面粉……50g
发酵粉……1小勺
可可粉……20g
A 蛋黄……3个
　细砂糖……30g
色拉油……40mL
水……30mL
B 蛋白……3个份
　细砂糖……30g

事前准备
低筋面粉、发酵粉、可可粉混合后
过筛。

做法
参照P.14戚风蛋糕的做法，将2中
的牛奶替换成水即可。

曲奇奶油

材料（易制作的分量）
淡奶油……200g
三温糖……20g
黄豆粉……50g

做法
碗中放入淡奶油和三温糖打至八分
发。加入黄豆粉混合搅拌即可。

材料（易制作的分量）
淡奶油……200g
奥利奥等夹心饼干……40g

做法
碗中放入淡奶油打至八分发。加入
碾碎的曲奇混合搅拌即可。

黄豆粉奶油

杏仁奶油

材料（易制作的分量）
淡奶油……200g
杏仁酱……100g

做法
碗中放入淡奶油打至八分发。加入杏
仁酱混合搅拌即可。

磅蛋糕

材料（10cm×19cm×8cm
的磅蛋糕模具1个份）
低筋面粉……120g
发酵粉……1/2小勺
黄油（无盐）……120g
鸡蛋……2个
香草精……少许

盐……1小撮
细砂糖……120g
混合水果……100g

事前准备
● 模具底部铺一张
  烘焙纸。

● 低筋面粉和发酵粉混合后
  过筛。
● 黄油室温软化，鸡蛋室温
  放置恢复常温。
● 鸡蛋打散后加入香草精。
● 烤箱180℃预热。

← 详细步骤参照P.18

1 准备模具
按照使用的模具大小裁剪烘焙纸。参照P.17的插图。

↓

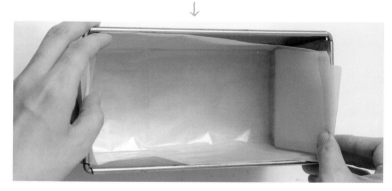

2 将烘焙纸铺在模具中
按照模具的大小折叠铺放烘焙纸。

↓

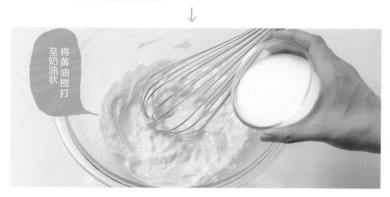

将黄油搅打至奶油状

3 将盐、细砂糖放入黄油中
将黄油和盐放入碗中搅打至奶油状，再分2次加入细砂糖，继续搅打至黄油变白。

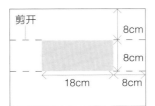

烘焙纸的裁剪方法

剪开

8cm

8cm

18cm　8cm

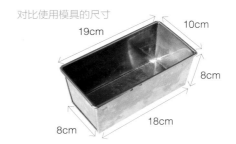

对比使用模具的尺寸

19cm　10cm

8cm

8cm　18cm

分次搅拌

4 分次加入鸡蛋

分3或4次加入鸡蛋，每次都要充分搅拌均匀再加入下一次。

↓

5 加入混合水果

加入混合水果，用橡胶刮刀搅拌均匀。

↓

6 加入粉类

一次性加入低筋面粉和发酵粉。

7 用橡胶刮刀切拌

搅拌至面糊出现光泽。

↓

使用刮刀即可轻松塑形

8 将面糊倒入模具中

将面糊倒入模具中后塑成V字形。

↓

9 烤箱烤好后散热放凉

放入180℃的烤箱中烘烤40～45分钟，脱模后放在蛋糕架上散热放凉。

Fruit pound cake

水果磅蛋糕

烤好后用保鲜膜包裹，入味3～4天
才是它最为美味的时候。

香草精　　　　　低筋面粉　　　　　混合水果

细砂糖

鸡蛋

发酵粉　　　盐　　　黄油

材料（10cm×19cm×8cm的磅蛋糕
模具1个份）
低筋面粉……120g
发酵粉……1/2小勺
黄油（无盐）……120g
鸡蛋……2个
香草精……少许
盐……1小撮
细砂糖……120g
混合水果……100g

事前准备
● 模具底部铺一张烘焙纸。
● 低筋面粉和发酵粉混合后
　过筛。
● 黄油室温软化，鸡蛋室温
　放置恢复常温。
● 鸡蛋打散后加入香草精。
● 烤箱180℃预热。

做法（参照P.16）
1 将黄油和盐放入碗中搅打至奶油状。
2 分2次加入细砂糖继续搅打。
3 分3或4次加入鸡蛋，每次都要充分搅拌均匀再
　加入下一次。
4 加入混合水果后用橡胶刮刀搅拌均匀。
5 加入粉类后用橡胶刮刀切拌。
6 将面糊倒入模具中，中间塑成 V 字形，放入
　180℃的烤箱中烘烤40～45分钟，烤好后脱模，
　散热放凉。

蓝莓磅蛋糕

材料
（10cm×19cm×8cm的磅蛋糕模具1个份）
低筋面粉……140g
杏仁粉……30g
发酵粉……1/2小勺
黄油（无盐）……120g
细砂糖……80g
鸡蛋……2个
蓝莓酱……50g

事前准备
● 低筋面粉、发酵粉、杏仁粉混合后过筛。

做法
参照P.18水果磅蛋糕的做法，将6中面糊倒入模具之前加入2或3次蓝莓酱，搅拌成大理石纹即可。

柠檬磅蛋糕

材料
（10cm×19cm×8cm的磅蛋糕模具1个份）
低筋面粉……120g
发酵粉……1/2小勺
黄油（无盐）……120g
细砂糖……120g
鸡蛋……2个
柠檬皮……1个
柠檬汁……1小勺

事前准备
● 柠檬皮磨碎。

做法
参照P.18水果磅蛋糕的做法，将4中的混合水果替换成柠檬皮和柠檬汁即可。

香蕉磅蛋糕

材料
（10cm×19cm×8cm的磅蛋糕模具1个份）
低筋面粉……120g
发酵粉……1/2小勺
黄油（无盐）……100g
细砂糖……70g
鸡蛋……2个
香蕉……1根
柠檬汁……1小勺
核桃……50g

事前准备
● 核桃炒干后切碎。
● 香蕉去皮后用勺子碾成泥，加入柠檬汁搅拌。

做法
参照P.18水果磅蛋糕的做法，3中加入鸡蛋后再加入香蕉泥搅拌。将4中的混合水果替换成核桃即可。

奶酪磅蛋糕

材料（10cm×19cm×8cm的磅蛋糕模具1个份）
低筋面粉……100g
发酵粉……1/2小勺
黄油（无盐）……100g
细砂糖……80g
鸡蛋……2个
奶酪块……100g
奶酪粉……1大勺

事前准备
● 奶酪磨碎或切碎

做法
参照P.18水果磅蛋糕的做法，将4中的混合水果替换成奶酪碎。6中将面糊倒入模具后撒上奶酪粉即可。

栗子奶油&甜煮栗子

材料（易制作的分量）
A 淡奶油……200g
　 白兰地……2小勺
栗子酱……100g
顶部装饰
甜煮栗子……适量

做法
1 将A放入碗中打至八分发。加入栗子酱混合搅拌。
2 在蛋糕上按照喜好添加1和甜煮栗子。

材料（易制作的分量）
糖粉……适量
覆盆子……适量

做法
在蛋糕上撒上糖粉，添加覆盆子。

糖粉&覆盆子

柠檬糖衣&柠檬皮

材料（易制作的分量）
糖粉……40g
柠檬汁……1/2大勺
顶部装饰
柠檬皮……30g

做法
将糖衣的材料混合后，用勺子撒在蛋糕上，再铺上柠檬皮。

派

材料（直径18cm的派盘1个份）

派面团

低筋面粉……80g
高筋面粉……80g
黄油（无盐）……100g
冷水……100mL
盐……1/2小勺

酥皮用

蛋黄……1个

顶部装饰

喜欢的馅料……适量
全麦饼干……适量

事前准备

● 低筋面粉与高筋面粉混合过筛后放入冰箱冷藏。
● 面团用黄油切成1cm的块放入冰箱冷藏。
● 烤箱200℃预热。
● 饼干粗略切碎。

← 详细步骤参照P.22

面粉里加入盐、黄油

1 黄油要使用刚从冰箱里拿出来的

碗内放入面粉、盐和切块的黄油，用刮刀一边碾碎黄油一边与粉类混合。

↓

2 分3次加入冷水

面粉中间挖一个凹洞，分3次加入冷水搅拌均匀。

↓

注意外侧的面粉

3 用刮刀将面粉做成面团

一边将面粉从外向内拨动，一边用手将其揉成不黏手的面团。

4 将面团一分为二后重叠

将面团切半后重叠揉捏，再次切半、重叠揉捏（共计3次）。

↓

5 用擀面杖擀平

撒上干粉（高筋面粉·材料表外）后，将面团擀成原来的3倍长。

↓

6 将面饼折三折

将擀好的面饼折三折。

基础做法

7 旋转90°

将折好的面团旋转90°。

↓

10 将面团擀平铺在派盘上

将面团2等分，分别擀成3mm厚的面饼，1片铺在派盘上，用叉子在上面戳孔。

↓

13 将面饼铺成格子状

将剩余的面饼切成1cm宽的带状，铺成格子状。

↓

8 重复3次5～7

将面团擀平后再次三折，旋转，重复3次。

↓

饼干可吸收馅料的水分

11 撒上饼干

将碾碎的饼干撒在面饼上。

↓

14 边缘用叉子压实

边缘蘸水后铺一层面团，用叉子压实。

↓

9 三折后放入冰箱冷藏

面团三折后用保鲜膜包裹，放入冰箱内饧面1小时左右。

12 放上馅料

将做好的馅料放在面饼上。

涂抹蛋黄能让派更有光泽

15 用刷子涂抹蛋黄，烘烤

将打散的蛋黄涂满整个派饼，放入200℃的烤箱内烘烤约30分钟。

Apple pie

苹果派

烘烤的美味馅料不仅可以当做甜点，还能当做零食，是一款用途多多的料理。

低筋面粉
冷水
黄油
苹果
细砂糖
高筋面粉
黄油
柠檬汁
蛋黄
肉桂粉
全麦饼干
盐

材料（直径18cm的派盘1个份）

派面团
低筋面粉……80g
高筋面粉……80g
黄油（无盐）……100g
冷水……100mL
盐……1/2小勺

酥皮用
蛋黄……1个

馅料
苹果……3个
细砂糖……90g
黄油（无盐）……50g
柠檬汁……20g

肉桂粉……少许
全麦饼干……适量

事前准备
● 低筋面粉与高筋面粉混合过筛后，放入冰箱冷藏。
● 将面团用黄油切成1cm的块状放入冰箱冷藏。
● 烤箱200℃预热。
● 饼干粗略切碎。
● 苹果切条。

做法（参照P.20）

1 碗内放入面粉、盐和黄油，一边碾碎黄油一边与粉类混合。

2 分3次加入冷水搅拌，做成面团，将面团切半后揉捏成一团，再次切半重叠揉捏（共计3次）。

3 面板撒上干粉（高筋面粉·材料表外）后擀平面团，重复3次将面团三折，然后用保鲜膜包裹，放入冰箱饧面1小时左右。

4 制作馅料。锅内放入黄油加热，炒制苹果，加入柠檬汁。撒入细砂糖后改小火炒成半透明状，关火后加入肉桂粉，放入盘中散热放凉。

5 将3的面团2等分，分别擀成3mm厚的面饼。

6 1片面饼铺在派盘上，撒上饼干后铺4。将剩余的面饼切成1cm宽的带子，铺成格子状。边缘蘸水后铺一层面团，用叉子压实。用刷子涂抹蛋黄后，放入200℃的烤箱内烘烤约30分钟。

黑莓派

材料（直径18cm的派盘1个份）
馅料
黑莓（罐头）……1罐
细砂糖……25g
玉米淀粉……6g
柠檬汁……1小勺
全麦饼干……适量
酥皮用
蛋黄……1个

事前准备
● 参照P.22派的做法制作派面团。
● 烤箱200℃预热。

做法
1 将黑莓的果实和糖汁分开，取200g果实和50g糖汁。
2 锅中放入糖汁、细砂糖和玉米淀粉加热。
3 锅中汤汁黏稠后加入黑莓果，煮热后加入柠檬汁。
4 倒入盘中铺开放凉。
5 将一半量的派面团铺在派盘中，撒上切碎的饼干，再铺上4。
6 将剩余的面饼切成1cm宽的带子，铺成格子状。边缘用蘸水的叉子压实。
7 用刷子在派表面涂抹蛋黄后，放入200℃的烤箱内烘烤约30分钟。

南瓜派

材料（直径18cm的派盘1个份）
馅料
南瓜……400g
细砂糖……100g
黄油（无盐）……30g
蛋黄……2个
淡奶油……100g
朗姆酒……1大勺
肉桂粉、肉豆蔻……各少许

事前准备
● 参照P.22派的做法制作派面团。
● 烤箱200℃预热。

做法
1 南瓜去籽、切成小块，放入耐热容器内包上保鲜膜，用微波炉（600W）加热7分钟。
2 煮至用牙签可轻松穿透即可，趁热放入细砂糖和切成小块的黄油搅拌。
3 按顺序加入搅散的蛋黄、淡奶油、朗姆酒、肉桂粉和肉豆蔻，用橡胶刮刀搅拌至顺滑。
4 将派面团铺在派盘中，加入3，放入200℃的烤箱内烘烤约30分钟。

柠檬派

材料（直径18cm的派盘1个份）
馅料
水……300mL
柠檬皮、
柠檬汁……1个份
细砂糖……70g
蛋黄……2个
低筋面粉……20g
玉米淀粉……15g
黄油（无盐）……20g
发泡奶油
淡奶油……100g
细砂糖……10g

事前准备
● 参照P.22派的做法制作派面团，在模具中铺好后参照P.27果子塔面团的做法烘烤。
● 低筋面粉和玉米淀粉混合后过筛。
● 柠檬皮磨碎，挤出柠檬汁。

做法
1 锅中放入水和一半量细砂糖加热，细砂糖溶化后关火。
2 碗中加入蛋黄和剩余的细砂糖混合搅拌，再加入柠檬皮、柠檬汁和面粉类搅拌。
3 将2加入1中，边加热边快速搅拌。变黏稠后倒入碗中，加入黄油搅拌，散热放凉。
4 在干烤的派皮中加入3，点缀八分发的奶油。

香蕉巧克力派

材料（直径18cm的派盘1个份）
馅料
巧克力……50g
卡仕达酱……材料、做法参照P.45（约500g）
香蕉……1根
发泡奶油
淡奶油……200g
细砂糖……15g

事前准备
● 参照P.22派的做法制作派面团，在模具中铺好后参照P.27果子塔面团的做法烘烤。
● 巧克力切碎。

做法
1 在干烤的派皮中放入巧克力。
2 铺满卡仕达酱后用蛋糕抹刀抹平，摆上切片香蕉。
3 点缀八分发的奶油。

西蓝花奶酪派

肉派

材料（直径18cm的派盘1个份）

馅料
西蓝花……1/2个
培根……100g
小番茄……4或5个
车达奶酪……50g

酱汁
蛋黄酱……4大勺
芹菜……1/2杯
鸡蛋……1个
大蒜……1/4小勺
黑胡椒……少许

酥皮用
鸡蛋……1/2个
水……2大勺

事前准备
- 参照P.22派的做法制作派面团。
- 西蓝花煮软后切成1.5cm的块。
- 奶酪、培根切丁。
- 小番茄去蒂后切4等分。
- 芹菜切末。
- 酱汁中的鸡蛋煮熟后切末。
- 大蒜磨成泥。
- 烤箱200℃预热。
- 酥皮用鸡蛋和水混合。

做法
1 将酱汁材料全部混合搅拌。
2 面团2等分后分别擀平。一半铺在派盘上，放入1和馅料材料。
3 将剩余的面饼切成1cm宽的带状，铺成格子状。边缘蘸水后铺一层面团，用叉子压实。用刷子涂抹蛋液后，放入200℃的烤箱内烘烤25～30分钟。

材料（直径18cm的派盘1个份）

馅料
牛肉馅……150g
蘑菇……2个
洋葱……1/4个
芹菜……10g
盐……1/3小勺
胡椒、肉豆蔻粉
……各少许
鸡蛋……1/2个
白葡萄酒……2大勺

酥皮用
鸡蛋……1/2个
水……2大勺

事前准备
- 参照P.22派的做法制作派面团。
- 洋葱、芹菜切末。
- 蘑菇切片。
- 酥皮用鸡蛋和水混合。
- 烤箱200℃预热。

做法
1 将馅料的材料全部混合搅拌。
2 将派面团擀成3mm厚的面饼，取一半铺在派盘上，放入1。
3 将剩余的面饼切成1cm宽的带状，铺成格子状。边缘蘸水后铺一层面团，用叉子压实。用刷子涂抹蛋液后，放入200℃的烤箱内烘烤25～30分钟。

奶酪派

蝴蝶酥

做法
参照P.22派的做法制作派面团。将面团擀成面饼，切长条后撒上适量的奶酪粉，拧成螺丝状。放入200℃的烤箱内烘烤约20分钟。

做法
参照P.22派的做法制作派面团。将面团擀成面饼，撒上适量的肉桂糖后上下同时向中间卷，再切成3mm厚的片。放入200℃的烤箱内烘烤约20分钟。

Mille-feuille

千层派

酥脆的派皮搭配多层奶油，兼顾外观与美味的点心。

材料
1　参照P.20派面团的材料和做法的**1～9**。
2　将派面团擀成3mm厚、20cm×35cm大的面饼后，切成6个5cm×15cm的长方形。
3　放入200℃的烤箱内烘烤15～20分钟。
4　在烤好的面饼上按照喜好挤上奶油点缀。

多种奶油&顶部装饰

巧克力&咖啡奶油

草莓&香草奶油

材料
（易制作的分量）
淡奶油……200g
细砂糖……15g
香草精……少许
顶部装饰
草莓……适量

做法
将材料放入碗中打至八分发即可。

材料
（易制作的分量）
淡奶油……200g
朗姆酒……1小勺
速溶咖啡……5g
细砂糖……20g
顶部装饰
巧克力……适量

做法
1　将咖啡和朗姆酒放入碗中，充分混合搅拌。
2　淡奶油加细砂糖混合后打至八分发。

混合莓&坚果卡仕达酱

蓝莓&草莓卡仕达酱

材料（易制作的分量）
卡仕达酱……材料、做法参照P.45（约500g）
草莓酱……160g
顶部装饰
蓝莓……适量

做法
将卡仕达酱和草莓酱混合搅拌。

材料（易制作的分量）
卡仕达酱……材料、做法参照P.45（约500g）
核桃……100g
顶部装饰
混合莓……适量

做法
将卡仕达酱和切碎的核桃混合搅拌。

果子塔

果子塔

材料
（直径18cm的果子塔模具1个份）
低筋面粉……100g
黄油（无盐）……50g
鸡蛋……15g
细砂糖……30g

事前准备
● 低筋面粉过筛。
● 黄油室温软化。
● 鸡蛋搅散。
● 烤箱180℃预热。

← 详细步骤参照P.28

黄油务必要搅打成奶油状

1 黄油搅打成奶油状后加入细砂糖
黄油搅打成奶油状。分2次加入细砂糖充分搅拌。

↓

2 加入鸡蛋
分次加入鸡蛋充分搅拌。

↓

3 加入低筋面粉
一次性加入所有的低筋面粉，切拌。

像切开面团一般搅拌

4 制成面团后放入冰箱冷藏
用橡胶刮刀搅拌面团直至看不到面粉，用保鲜膜包裹面团放入冰箱冷藏30分钟以上。

↓

5 擀面团
在案板上撒干粉（高筋面粉·材料表外）后，用擀面杖擀面团。

↓

6 擀成圆形
将面团擀成圆形。

7 将面饼擀成比果子塔模具大一圈的圆形

将面饼擀成比果子塔模具大一圈的圆形，将模具放在面饼上确认大小。

↓

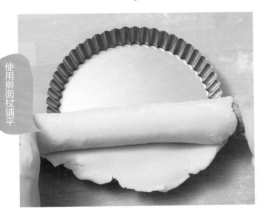

使用擀面杖铺平

8 将面饼铺在模具里

用擀面杖将面饼卷起来后，在模具上滚过铺开。

↓

9 铺好面饼后切掉多余的部分

将面饼紧密铺在模具底部和侧边之后，用擀面杖将多余的面饼切掉。

10 用叉子戳孔

用叉子在面饼底部戳孔，包裹保鲜膜放入冰箱冷藏1小时左右。

↓

11 表面铺一层烘焙纸后放重物烘烤

铺重物后放入180℃的烤箱内烘烤约15分钟。去掉烘焙纸和重物后用170℃再烘烤约10分钟。

↓

12 烤好后散热放凉

烤好后脱模，放在蛋糕架上散热放凉。

Strawberry tarte

草莓果子塔

满满的奶油搭配新鲜水果，让人眼前一亮的华丽甜点。

材料（直径18cm的果子塔模具1个份）

低筋面粉⋯⋯100g	蛋黄⋯⋯3个
黄油（无盐）⋯⋯50g	细砂糖⋯⋯60g
鸡蛋⋯⋯15g	牛奶⋯⋯360mL
细砂糖⋯⋯30g	黄油（无盐）⋯⋯15g

发泡奶油

香草精⋯⋯少许

淡奶油⋯⋯60g

装饰

细砂糖⋯⋯1小勺

莓类⋯⋯各适量

卡仕达酱（约500g，参照P.45）

事前准备

● 低筋面粉过筛。

低筋面粉⋯⋯15g

● 黄油室温软化。

玉米淀粉⋯⋯15g

● 鸡蛋搅散。
● 卡仕达酱中的低筋面粉和玉米淀粉混合后过筛。
● 烤箱180℃预热。
● 裱花袋搭配直径1cm的圆口裱花嘴。

果子塔面团的做法（参照P.26）

1 碗中放入黄油，搅打成奶油状。
2 分2次加入细砂糖充分搅拌。
3 分次加入鸡蛋充分搅拌。
4 一次性加入所有的低筋面粉，用橡胶刮刀切拌至看不见粉类。
5 用保鲜膜包裹面团，擀成约1cm厚，放入冰箱冷藏30分钟以上。
6 在案板上撒干粉（高筋面粉·材料表外）后，用擀面杖将面饼擀成比果子塔模具大一圈的圆形，再将面饼紧密铺入模具，用叉子在面饼底部戳孔。包裹保鲜膜放入冰箱冷藏1小时左右后，铺重物放入180℃的烤箱内烘烤约15分钟。去掉烘焙纸和重物后用170℃再烘烤约10分钟。烤好后脱模，放在蛋糕架上散热放凉。

表面装饰

1 将搅拌顺滑的卡仕达酱与发泡奶油混合。
2 将1中的奶油挤入面团中，点缀莓类。用滤茶网撒上糖粉（材料表外）。

发泡奶油的做法

碗中放入淡奶油和细砂糖，打至八分发即可（参照P.5）。

卡仕达酱的做法（参照P.45）

1 锅中放入牛奶和一半量的细砂糖，中火加热至即将煮沸后关火。
2 碗中放入蛋黄和剩余的细砂糖，搅拌后加入粉类。
3 分次加入1混合搅拌，用滤网过滤后放回锅中，中火加热，快速搅拌，直至变成稠糊状。
4 倒入碗中，加入黄油和香草精充分搅拌，用保鲜膜密封后放入冰水中散热放凉。

甜奶油&草莓

材料（易制作的分量）
卡仕达酱……材料、做法参照P.45（约500g）
甜巧克力……80g
顶部装饰
香蕉……适量

做法
卡仕达酱隔水加热，再加入溶化的巧克力混合搅拌。

新鲜水果&卡仕达酱

巧克力卡仕达酱&香蕉

材料（易制作的分量）
淡奶油……200g
奶油酱汁……60g
顶部装饰
草莓……适量

做法
将淡奶油放入碗中打至八分发。加入奶油酱汁混合搅拌即可。

材料（易制作的分量）
卡仕达酱……材料、做法参照P.45（约500g）
顶部装饰
新鲜水果……适量

洋梨果子塔

材料（直径18cm的果子塔模具1个份）
黄油（无盐）……60g
细砂糖……50g
鸡蛋……1个
杏仁粉……60g
洋梨（半块式罐头）……3个份

做法
参照P.28果子塔面团的做法。
1 碗中放入黄油，搅打成奶油状后加入细砂糖搅打至变白。
2 分3或4次加入鸡蛋，充分搅拌后加入杏仁粉。
3 将果子塔面团铺入模具中后放入2，再将切片的洋梨呈放射状摆放，放入180℃的烤箱内烘烤40～45分钟。

材料
（直径18cm的果子塔模具1个份）
鸡蛋……1.5个
细砂糖……60g
淡奶油……80g
牛奶……40mL
黑樱桃（罐头）……200g

樱桃果子塔

做法
参照P.28果子塔面团的做法。
1 碗中放入鸡蛋打散，再加入细砂糖搅拌均匀。
2 加入淡奶油和牛奶，搅拌均匀后过滤。
3 将樱桃放入干烤好的果子塔皮中再倒入2，放入180℃的烤箱内烘烤约30分钟。

Quiche

乳蛋饼

略带咸味的乳蛋饼最适合搭配蔬菜和肉食用。里面可以随意添加当季的新鲜蔬菜。

多种馅料

番茄乳蛋饼

材料（直径18cm的果子塔模具1个份）

馅料
鸡蛋……1个
牛奶……30mL
淡奶油……80g
盐、胡椒……各少许
肉豆蔻……少许

食材
培根……50g
奶酪……50g
龙须菜……3根
小番茄……4个
帕尔马干酪……20g

事前准备
● 将馅料的所有材料混合。
● 培根和奶酪切成1cm的块状。
● 龙须菜用保鲜膜包裹后用微波炉（600W）加热1分钟后切成1cm长。
● 小番茄对半切。
● 烤箱180℃预热。

做法
参照乳蛋饼做法的1～3。
1 将培根、加工干酪和龙须菜放入干烤好的面团中，倒入馅料。
2 撒上小番茄和帕尔马干酪，放入180℃的烤箱内烘烤约30分钟。

材料（直径18cm的果子塔模具1个份）

面团
低筋面粉……50g
高筋面粉……50g
黄油（无盐）……55g
盐……1/2小勺
冷水……50mL

馅料
鸡蛋……1个
牛奶……60mL
淡奶油……60g
盐、胡椒……各少许
肉豆蔻……少许

食材
菠菜……100g
培根……30g
奶酪……60g

事前准备
● 低筋面粉和高筋面粉混合后过筛，放入冰箱内冷藏。
● 烤箱200℃预热。
● 菠菜煮过后切成3cm长。
● 培根切成1cm宽。
● 奶酪磨碎。
● 将馅料的所有材料混合。

做法
1 碗中放入面粉，将黄油粗略切碎后放入其中，手动混合。
2 粉类中间挖一个洞，放入盐，分3次加入冷水，用刮刀将粉类揉成面团。
3 将面团一分为二后揉合，再一分为二后揉合（共计3次），放入冰箱内冷藏30分钟以上。
4 将面团擀得比模具大一圈后铺入模具中，撒上菠菜、培根和奶酪，倒入馅料后，放入200℃的烤箱内烘烤约30分钟。

Tartelette

迷你塔

小巧的果子塔却能享受到多种馅料的美味。

材料、做法（5cm的迷你塔模具10个份）
参照P.26果子塔面团的材料、做法
1 将果子塔面团擀成3mm厚，铺在迷你塔模具里。
2 压重物，放入预热至180℃的烤箱里烘烤约15分钟。
3 在烤好的果子塔里按照喜好挤入奶油，点缀装饰。

多种顶部装饰

腰果&蜂蜜柠檬奶油

材料（易制作的分量）
A 淡奶油……200g
  蜂蜜……20g
柠檬皮……1/2个
顶部装饰
腰果……适量

做法
将A放入碗中打至八分发，加入磨碎的柠檬皮混合搅拌即可。

樱桃&巧克力奶油

材料（易制作的分量）
淡奶油……200g
甜巧克力……60g
顶部装饰
樱桃……适量

做法
1 锅中放入60g淡奶油煮沸。
2 碗中放入切碎的巧克力，加入1搅拌至顺滑。
3 加入剩余的淡奶油打至八分发即可。

橙子&奶油奶酪

材料（易制作的分量）
奶油奶酪……适量
橙子……适量

做法
将奶油奶酪和切好的橙子放在果子塔面团上即可。

蓝莓&卡仕达酱

材料（易制作的分量）
卡仕达酱……材料、做法参照P.45（约500g）
顶部装饰
蓝莓……适量

31

曲奇

基础做法

雪球

材料（约40个份）
低筋面粉……100g
杏仁粉……50g
黄油（无盐）……100g
盐……1小撮
糖粉……40g

事前准备
● 低筋面粉和杏仁粉混合后过筛。
● 黄油室温软化。
● 烤箱180℃预热。
● 烤盘中铺一张烘焙纸。

← 详细步骤参照P.41

由于面团会膨胀，因此间距要大

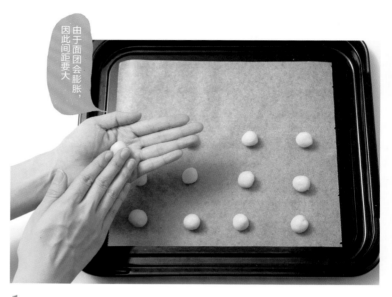

1 将面团揉圆摆在烤盘上

参照P.41雪球的做法制作面团，用手揉圆后，间隔较大距离摆在烤盘上。放入180℃的烤箱内烘烤约15分钟。

↓

2 裹上糖粉

烤好后稍微放凉，即可放入塑料袋内裹上糖粉（材料表外）。

模型曲奇

材料（约50个份）
低筋面粉……200g
黄油（无盐）……100g
鸡蛋……30g
细砂糖……80g

事前准备
- 低筋面粉过筛。
- 黄油室温软化。
- 鸡蛋搅散。
- 烤箱180℃预热。
- 烤盘中铺一张烘焙纸。

← 详细步骤参照P.36、P.37

1 黄油搅打成奶油状
碗中放入黄油，用打蛋器搅打成奶油状。

↓

2 加入细砂糖
分3次加入细砂糖，搅打至黄油变白。

↓

分次加入搅拌

3 加入鸡蛋
分次加入鸡蛋，充分搅拌。

4 加入低筋面粉
一次性加入所有的低筋面粉，用橡胶刮刀切拌。

↓

像切开面糊一样充分搅拌

5 搅拌至看不到粉类
用橡胶刮刀搅拌至看不到粉类。

↓

6 用保鲜膜包住后放入冰箱冷藏
用保鲜膜包住后放入冰箱冷藏30分钟以上，切成喜欢的形状烘烤（参照P.36）。

Drop cookies

滴面甜饼

将材料搅拌至顺滑后，用勺子随意滴到烤盘上即可制作完成的简单甜品。每一块外形都略有不同，无疑是它的魅力所在。

巧克力碎
黄油
低筋面粉
起酥油
细砂糖
鸡蛋
发酵粉
盐

材料（约30个份）
低筋面粉……160g
发酵粉……1/2小勺
黄油（无盐）……70g
鸡蛋……1个
起酥油……60g
盐……1小撮
细砂糖……100g
巧克力碎……100g

事前准备
● 低筋面粉和发酵粉混合后过筛。
● 黄油室温软化。
● 鸡蛋搅散。
● 烤箱180℃预热。
● 烤盘上铺一张烘焙纸。

做法
1 碗中放入黄油、起酥油和盐，搅打至奶油状。
2 分3次加入细砂糖，搅打至变白。
3 分次加入鸡蛋，充分搅拌。
4 加入巧克力碎后，用橡胶刮刀充分混合。
5 一次性加入所有的粉类，用橡胶刮刀切拌。
6 用勺子将面糊滴在烤盘上，放入180℃的烤箱内烘烤15～20分钟。

奶酪粉

材料、做法（约30个份）
参照P.34滴面曲奇的做法。将4中的巧克力碎替换成80g奶酪粉即可。

材料、做法（约30个份）
参照P.34滴面曲奇的做法。将4中的巧克力碎替换成80g谷类即可。

谷类

花生黄油

材料、做法（约30个份）
参照P.34滴面曲奇的做法。将4中的巧克力碎替换成80g花生黄油即可。

无花果干

材料、做法（约30个份）
参照P.34滴面曲奇的做法。将4中的巧克力碎替换成100g切碎的无花果干即可。

材料、做法（约30个份）
参照P.34滴面曲奇的做法。将4中的巧克力碎替换成80g核桃即可。

核桃

柠檬皮

材料、做法（约30个份）
参照P.34滴面曲奇的做法。将4中的巧克力碎替换成100g柠檬皮即可。

杏仁片

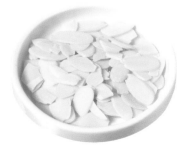

材料、做法（约30个份）
参照P.34滴面曲奇的做法。将4中的巧克力碎替换成80g切碎的杏仁片即可。

材料、做法（约30个份）
参照P.34滴面曲奇的做法。将4中的巧克力碎替换成30g香草即可。

香草

混合水果干

材料、做法（约30个份）
参照P.34滴面曲奇的做法。将4中的巧克力碎替换成100g混合水果干即可。

Formed cookies

模型曲奇

质朴的味道搭配爽脆的口感带给人轻松的好心情。简单材料即可制作出来的美味曲奇。

可可面团

材料（约50个份）
低筋面粉……160g
可可粉……40g
黄油（无盐）……100g
细砂糖……80g
鸡蛋……30g

事前准备
● 低筋面粉和可可粉混合后过筛。

做法
参照模型曲奇的做法。

牛奶面团

材料（约50个份）
低筋面粉……180g
脱脂奶粉……30g
黄油（无盐）……100g
细砂糖……80g
鸡蛋……30g

事前准备
● 低筋面粉和脱脂奶粉混合后过筛。

做法
参照模型曲奇的做法。

多种面团

黄油

低筋面粉

细砂糖

鸡蛋

材料（约50个份）
低筋面粉……200g
黄油（无盐）……100g
鸡蛋……30g
细砂糖……80g

事前准备
● 低筋面粉过筛。
● 黄油室温软化。
● 鸡蛋搅散。
● 烤箱180℃预热。
● 烤盘上铺一张烘焙纸。

做法（参照P.33）
1 碗中放入黄油，用打蛋器搅打成奶油状。
2 分3次加入细砂糖，搅打至黄油变白。
3 分次加入鸡蛋，充分搅拌。
4 一次性加入所有的低筋面粉，用橡胶刮刀切拌。
5 用保鲜膜包住，放入冰箱冷藏30分钟以上。
6 案板上撒干粉（高筋面粉·材料表外）后，用擀面杖将面团擀成5mm厚的面饼，再用曲奇模具塑形，放入180℃的烤箱内烘烤约15分钟。

上白糖

吸水性、吸热性俱佳，因此制成的曲奇柔软湿润，且易上烤色。

全麦粉

不去皮和胚芽磨制而成的小麦粉。保留小麦原本的香味，口感略粗糙。

三温糖

甜味温和略带涩味，制成的曲奇柔软湿润。

粳米粉

粳米制成的粉，因此与小麦粉制成的曲奇相比口感更清爽。口感略粗糙且易掉渣。

黑糖

甘蔗榨汁熬煮而成。制成的曲奇颜色深沉、味道浓郁。制作曲奇时，使用糖粉更为便利。

黄豆粉

用炒大豆磨成的粉。若将制作曲奇中一般的面粉改为黄豆粉，则更具日式风味。

蓝莓酱夹心

材料
喜欢的曲奇……适量
酸味奶油……适量

做法
在曲奇上涂抹酸味奶油后，盖上另一片曲奇。

材料
喜欢的曲奇……适量
蓝莓酱……适量

做法
在曲奇上涂抹蓝莓酱后，盖上另一片曲奇。

花生黄油夹心

材料
喜欢的曲奇……适量
花生黄油……适量

做法
在曲奇上涂抹花生黄油后，盖上另一片曲奇。

酸味奶油夹心

Icebox cookies

冻曲奇

原味与可可2色面团打造多种形状的美味曲奇。用来做礼物再适合不过。

材料（约50个份）

可可面团	原味面团
低筋面粉……160g	低筋面粉……200g
可可粉……40g	黄油（无盐）……120g
黄油（无盐）……120g	鸡蛋……1个
鸡蛋……1个	细砂糖……80g
细砂糖……80g	盐……1小撮
盐……1小撮	

事前准备
● 低筋面粉和可可粉分别过筛。
● 黄油室温软化。
● 鸡蛋搅散。
● 烤箱180℃预热。

做法
1 碗中放入黄油和盐，搅打至奶油状。
2 分3次加入细砂糖，搅打至白色。
3 分次加入鸡蛋，充分混合搅拌。
4 一次性加入所有的低筋面粉，用橡胶刮刀切拌均匀（可可面团在此时加入可可粉，搅拌均匀）。
5 用保鲜膜包裹面团，放入冰箱内冷藏30分钟以上。
6 参照P.39将面团做成喜欢的形状，放入180℃的烤箱内烘烤约15分钟。

低筋面粉　低筋面粉　黄油　可可粉　细砂糖　鸡蛋　盐

多种材料

格雷伯爵茶面团

材料（约50个份）
低筋面粉……200g
黄油（无盐）……100g
细砂糖……80g
鸡蛋……1个
红茶茶叶……5g

做法
参照冻曲奇的做法。在4中将低筋面粉和切碎的红茶茶叶一同加入。

坚果面团

材料（约50个份）
低筋面粉……150g
黄油（无盐）……100g
细砂糖……60g
鸡蛋……1/2个
混合坚果……60g

做法
参照冻曲奇的做法。在4中将低筋面粉和切碎的混合坚果一同加入。

裹糖	漩涡状	方格状

裹糖

1 在面团上裹糖粉

先将糖粉撒在烘焙纸上，再在上面将面团搓成棒状。

↓

2 切片

将面团切成7mm厚的圆片，放在烤箱内烘烤。

漩涡状

1 将2种面团重叠卷起

制作原味、可可2种面团，分别擀成15cm的正方形后重叠卷起。

↓

2 放入冰箱内冷藏后切片

用保鲜膜包裹后冷藏。切成7mm厚的圆片，放入烤箱内烘烤。

方格状

1 将条状的面团重叠

制作原味、可可2种面团，分别切成1cm宽、15cm长的条状后重叠放置。

↓

2 放入冰箱内冷藏后切片

用保鲜膜包裹后冷藏。切成7mm厚的圆片，放入烤箱内烘烤。

多种裹料

杏仁片

材料
杏仁片……适量

做法
烘焙纸上撒切碎的杏仁片，将其裹在棒状面团的侧面。

材料
粗糖……适量

做法
烘焙纸上撒粗糖，将其裹在棒状面团的侧面。

粗糖

椰蓉

材料
椰蓉……适量

做法
烘焙纸上撒椰蓉，将其裹在棒状面团的侧面。

Piping cookies

裱花曲奇

只要将面糊从裱花袋挤出即可制作出的精美甜品。松脆的口感让人欲罢不能。

材料（约50个份）
低筋面粉……180g
黄油（无盐）……120g
鸡蛋……1个
细砂糖……70g

事前准备
● 低筋面粉过筛。
● 黄油室温软化。
● 鸡蛋搅散。
● 烤箱180℃预热。
● 烤盘上铺一张烘焙纸。
● 裱花袋搭配星形裱花嘴。

做法
1 碗中放入黄油，搅打至奶油状。
2 分2次加入细砂糖，搅打至白色。
3 分次加入鸡蛋搅拌。
4 一次性加入所有的低筋面粉，用橡胶刮刀切拌。
5 将面糊装入裱花袋中，挤出自己喜欢的形状，放入180℃的烤箱内烘烤约10分钟。

细砂糖

低筋面粉

黄油

鸡蛋

多种面团

材料（约50个份）
低筋面粉……180g
肉桂粉……1小勺
黄油（无盐）……120g
鸡蛋……1个
细砂糖……70g

事前准备
● 低筋面粉和肉桂粉混合后过筛。

做法
参照裱花曲奇的做法即可。

肉桂面团

抹茶面团

材料（约50个份）
低筋面粉……180g
抹茶粉……2小勺
黄油（无盐）……120g
鸡蛋……1个
细砂糖……70g

事前准备
● 低筋面粉和抹茶粉混合后过筛。

做法
参照裱花曲奇的做法即可。

材料（约50个份）
低筋面粉……160g
可可粉……20g
黄油（无盐）……120g
鸡蛋……1个
细砂糖……70g

可可面团

事前准备
低筋面粉和可可粉混合后过筛。

做法
参照裱花曲奇的做法即可。

Snowballs

雪球

烤好的小面团上裹上一层糖粉，即可做成宛如雪球一般精美小巧的甜品。

材料（约40个份）
低筋面粉……100g
杏仁粉……50g
黄油（无盐）……100g
盐……1小撮
糖粉……40g

事前准备
● 低筋面粉和杏仁粉混合后过筛。
● 黄油室温软化。
● 烤箱180℃预热。
● 烤盘上铺一张烘焙纸。

做法
1 碗中放入黄油和盐，搅打至奶油状。
2 分2次加入细砂糖，搅打至白色。
3 一次性加入所有的面粉，用橡胶刮刀切拌，用保鲜膜包裹后放入冰箱内，冷藏30分钟以上。
4 将面团搓成1cm大小的圆球，间隔较大距离摆在烤盘上，放入180℃的烤箱内烘烤约15分钟（参照P.32）。
5 稍微放凉后装入塑料袋内，撒入糖粉（材料表外）即可（参照P.32）。

黄油　　低筋面粉　　杏仁粉
糖粉

盐

多种面团

抹茶面团

材料
（约40个份）
低筋面粉……100g
杏仁粉……50g
抹茶粉……2小勺
黄油（无盐）……100g
盐……1小撮
糖粉……40g

事前准备
● 低筋面粉、杏仁粉、抹茶粉混合后过筛。

做法
参照雪球的做法即可。

黄豆粉面团

材料（约40个份）
低筋面粉……100g
黄豆粉……25g
黄油（无盐）……100g
盐……1小撮
糖粉……40g

事前准备
● 低筋面粉、黄豆粉混合后过筛。

做法
参照雪球的做法即可。

材料（约40个份）
低筋面粉……100g
杏仁粉……40g
可可粉……15g
黄油（无盐）……100g
盐……1小撮
糖粉……40g

可可面团

事前准备
● 低筋面粉、杏仁粉、可可粉混合后过筛。

做法
参照雪球的做法即可。

Shortbread

奶油酥饼

只要将面团铺在模具里即可制作的大型曲奇。要趁热切好哦!

蔓越莓

材料、做法(直径16cm的果子塔模具1个份)
参照奶油酥饼的做法。在**3**中将粉类和50g切碎的蔓越莓一同放入即可。

夏威夷果

材料、做法(直径16cm的果子塔模具1个份)
参照奶油酥饼的做法。在**3**中将粉类和50g切碎的夏威夷果一同放入即可。

柠檬皮

材料、做法
(直径16cm的果子塔模具1个份)
参照奶油酥饼的做法。在**3**中将粉类和50g切碎的柠檬皮一同放入即可。

多种材料

黄油　细砂糖　低筋面粉

粳米粉

盐

起酥油

材料
(直径16cm的果子塔模具1个份)
低筋面粉……70g
粳米粉……10g
黄油(无盐)……50g
起酥油……10g
盐……1小撮
细砂糖……25g

事前准备
● 低筋面粉和粳米粉混合后过筛。

● 黄油室温软化。
● 烤箱180℃预热。
● 模具上涂抹黄油(无盐·材料表外)。

做法
1　碗中放入黄油、起酥油和盐,搅打至奶油状。
2　分2次加入细砂糖,充分混合搅拌。
3　一次性加入所有的面粉,用橡胶刮刀切拌。
4　用保鲜膜包裹后放入冰箱内,冷藏30分钟以上。
5　在案板上撒干粉(高筋面粉·材料表外)后,用擀面杖将面团擀平,放入模具内用叉子戳孔,放入180℃的烤箱内烘烤约20分钟。
6　趁热用刀切开。

Biscotti

意大利脆饼

饼干的切面展露出内里丰富的坚果
与水果干。

材料（约12个份）
低筋面粉……120g
发酵粉……1/2小勺
杏仁……20g
鸡蛋……1个
细砂糖……60g
水果干……适量

事前准备
- 低筋面粉和发酵粉混合
  后过筛。
- 杏仁用烤箱烘烤2～3分
  钟。
- 鸡蛋搅散。
- 烤盘上铺一张烘焙纸。
- 烤箱180℃预热。

做法
1 碗中放入面粉和细砂糖，
  用橡胶刮刀搅拌。
2 加入杏仁、水果干和鸡蛋
  后搅散。
3 揉成面团后做成鸡蛋形。
4 摆在烤盘上，放入180℃
  的烤箱内烘烤约20分钟，
  趁热切成1cm的厚片，切
  口向上摆在烤盘上，放入
  170℃的烤箱内烘烤约10
  分钟，再翻面烘烤约10分
  钟。

水果干　　低筋面粉　　细砂糖　　鸡蛋　　杏仁　　发酵粉

多种材料

无花果干

材料、做法（约12个份）
参照意大利脆饼的做法。将2中的
杏仁替换成40g切碎的无花果干
即可。

材料、做法（约12个份）
参照意大利脆饼的做法。将2中
的杏仁替换成40g混合莓即可。

混合莓

巧克力碎

材料、做法（约12个份）
参照意大利脆饼的做法。将2中的杏仁
替换成40g巧克力碎即可。

43

泡芙皮

材料（12个份）
面团
低筋面粉……60g
水……90mL
黄油（无盐）……50g
盐……1小撮
鸡蛋……2或3个

事前准备
- 低筋面粉过筛。
- 鸡蛋搅散。
- 裱花袋搭配直径1cm 的圆形裱花嘴。
- 烤盘上铺一张烘焙 纸。

- 烤箱200℃预热。

详细步骤参照P.46

1 锅中放入黄油、水和盐加热

软化黄油，直至煮沸后关火。

↓

2 加入低筋面粉

一次性加入所有的低筋面粉，用木勺
不断搅拌，小火加热30秒。

↓

3 搅拌至没有水分

不断搅拌防止煮焦，水分烧干后关火。

4 加入鸡蛋

分3或4次加入鸡蛋，搅拌至提起木铲
后面糊呈倒三角形缓慢滴落。

↓

5 将面糊装入裱花袋中

趁热将面糊装入裱花袋内。

↓

6 挤出面糊，烘烤

烤盘上铺一张烘焙纸，在上面挤出直
径4cm的面糊，放入200℃的烤箱内烘
烤20～25分钟。

卡仕达酱

材料
卡仕达酱（约500g）
低筋面粉……15g
玉米淀粉……15g
黄油（无盐）……15g
蛋黄……3个

细砂糖……60g
牛奶……360mL
香草精……少许

事前准备
● 低筋面粉和玉米淀粉混合后过筛。

1 牛奶加一半量的细砂糖搅拌

锅中放入牛奶和一半量的细砂糖，加热至即将沸腾。

↓

4 加入热牛奶

加入热牛奶充分搅拌。

↓

7 面糊变黏稠后关火

面糊变黏稠、有光泽后关火。

↓

2 剩余的细砂糖加入蛋黄中搅拌

碗中放入蛋黄和剩余的细砂糖，充分搅拌。

↓

5 过滤面糊

用网筛过滤面糊。

↓

8 加入黄油和香草精

倒入碗中，加入黄油和香草精，用余热软化黄油并搅拌。

↓

3 加入粉类搅拌

加入粉类轻轻搅拌。

不停地搅拌

6 中火加热至面糊变黏稠

中火加热，搅拌至面糊变黏稠。

用保鲜膜包裹

9 包裹保鲜膜后散热放凉

用保鲜膜密封住奶油，放入冰水中散热放凉。

Cream puff

奶油泡芙

薄脆的泡芙皮搭配顺滑的卡仕达酱，给予味觉至高无上的享受。

材料（12个份）

面团	卡仕达酱
低筋面粉……60g	低筋面粉……15g
水……90mL	玉米淀粉……15g
黄油（无盐）……50g	黄油（无盐）……15g
盐……1小撮	蛋黄……3个
鸡蛋……2或3个	细砂糖……60g
发泡奶油	牛奶……360mL
淡奶油……100g	香草精……少许
樱桃白兰地……1小勺	

牛奶　玉米淀粉　鸡蛋　水　香草精　蛋黄　低筋面粉　黄油　低筋面粉　细砂糖　盐　黄油

事前准备

- 低筋面粉过筛。
- 鸡蛋搅散。
- 卡仕达酱里的低筋面粉和玉米淀粉混合后过筛。
- 裱花袋搭配直径1cm的圆形裱花嘴。
- 烤盘上铺一张烘焙纸。
- 烤箱200℃预热。

卡仕达酱的做法（参照P.45）

1 锅中放入牛奶和一半量的细砂糖，加热至即将煮沸。
2 碗中放入蛋黄和剩余的细砂糖，充分搅拌后加入粉类搅拌。
3 将**1**分次加入**2**中，再倒回锅内加热。快速搅拌，直至变为稠糊状。
4 倒入碗中，加入黄油和香草精搅拌，用保鲜膜密封后放入冰水中散热放凉。

发泡奶油的做法

淡奶油打至八分发后，加入樱桃白兰地搅拌。

泡芙皮的做法（参照P.44）

1 锅中放入黄油、水和盐，用大火加热。
2 黄油煮沸后关火，一次性加入所有的低筋面粉，用木勺不断搅拌，小火加热30秒后关火。
3 分3或4次加入鸡蛋，搅拌至提起木铲后面糊缓慢滴落。
4 将面糊装入裱花袋中，烤盘上铺一张烘焙纸，在上面挤出直径4cm大的面糊，放入200℃的烤箱内烘烤20～25分钟（面糊热的时候比较容易挤出，且做出的泡芙皮更易膨胀。烘烤过程中绝不能打开烤箱）。
5 烤好后取出散热。在泡芙皮里挤入奶油。

甜煮栗子&抹茶卡仕达酱

材料
（易制作的分量）
卡仕达酱……材料、做法参照P.45
（约500g）
白巧克力……100g

做法
卡仕达酱内加入白巧克力，搅拌均匀即可。

白巧克力卡仕达酱

材料
（易制作的分量）
卡仕达酱……材料、做法参照
P.45（约500g）
抹茶粉……2小勺

顶部装饰
甜煮栗子……适量

做法
卡仕达酱加入抹茶粉，搅拌均匀即可。

茶香卡仕达酱

材料（易制作的分量）
卡仕达酱……材料、做法参照P.45
（约500g）
红茶茶叶……1大勺
白兰地……1大勺
肉桂粉……1小勺

做法
卡仕达酱加入红茶茶叶、白兰地和肉桂粉，搅拌均匀即可。

草莓&精制奶油

材料（易制作的分量）
淡奶油……200g
炼乳……20g
白巧克力……60g
顶部装饰
草莓……适量

做法
1 碗中放入切碎的巧克力，即将煮沸时加入60g淡奶油。搅拌至顺滑后放入冰箱内冷藏。
2 碗中加入剩余的淡奶油和炼乳，打至八分发。

材料（易制作的分量）
淡奶油……200g
枫糖……30g
肉桂粉……5g
顶部装饰
香蕉……适量

做法
碗中放入材料，打至八分发即可。

香蕉&枫糖浆奶油

杏仁&摩卡卡仕达酱

材料（易制作的分量）
卡仕达酱……材料、做法参照P.45
（约500g）
速溶咖啡……2大勺
热水……1大勺
顶部装饰
杏仁……适量

做法
用热水冲开速溶咖啡，加入卡仕达酱里搅拌均匀即可。

Popover

脆薄空心玛芬蛋糕

薄脆的泡芙皮搭配顺滑的卡仕达酱，给予味觉至高无上的享受。中间带有空洞的脆薄空心玛芬蛋糕，不论作为新鲜品尝的食物，还是当做甜品，都有无穷的魅力。

低筋面粉

牛奶

鸡蛋

色拉油

盐

材料（直径6cm、高5.5cm的布丁杯5个份）
低筋面粉……50g
牛奶……100mL
鸡蛋……1个
盐……1小撮
色拉油……1/2大勺

事前准备
● 杯子里涂抹黄油（材料表外）。
● 低筋面粉过筛。
● 鸡蛋搅散。
● 烤箱230℃预热。

做法
1 碗中放入鸡蛋、低筋面粉和盐，搅拌均匀。
2 分3次加入牛奶搅拌均匀。
3 加入色拉油，搅成柔滑的面糊。
4 将面糊倒至杯子的六分满。
5 摆在烤盘上，放入烤箱的下层，用230℃烘烤12～15分钟（中途绝不能打开烤箱），再用170℃烘烤10～15分钟。
6 烤好后脱模散热放凉。

草莓&混合莓&草莓酱

材料
草莓、混合莓、草莓酱……各适量

做法
按照喜好放入泡芙皮中。

奶油奶酪&蓝莓&蜂蜜

材料
奶油奶酪、蓝莓、蜂蜜……各适量

做法
按照喜好放入泡芙皮中。

香蕉&发泡奶油&肉桂糖

材料
香蕉、发泡奶油、
肉桂糖……各适量

做法
按照喜好放入泡芙
皮中。

冰激凌&杏仁&巧克力酱汁

材料
冰激凌、杏仁、巧克力酱汁……各适量

做法
按照喜好放入泡芙皮中。

混合豆沙拉

材料
喜欢的叶类蔬菜、混合豆……各适量

做法
材料混合好后，按照喜好放入泡芙皮中。

培根沙拉

材料
喜欢的叶类蔬菜、培根……各适量

做法
培根切成1cm的块状，放入平底锅内炒熟。材料混合好
后，按照喜好放入泡芙皮中。

Gougère

奶酪咸泡芙

烤过的奶酪香味浓郁到让人停不了嘴，当做早饭再合适不过。

材料（小40个份）
低筋面粉……140g
鸡蛋……4或5个
格鲁耶尔奶酪……150g
水……250mL
黄油（无盐）……120g
盐、胡椒……各少许
色拉油……少许
蛋黄……1个

事前准备
● 低筋面粉过筛。
● 鸡蛋搅散。
● 奶酪磨碎。
● 烤盘上抹色拉油。
● 烤箱200℃预热。

水　　格鲁耶尔奶酪　　低筋面粉　　鸡蛋　　蛋黄　　胡椒　盐　　色拉油　　黄油

做法
1 锅中放入水、黄油、盐和胡椒，加热至即将煮沸。
2 关火后一次性加入所有的低筋面粉，快速搅拌。
3 分次加入鸡蛋，搅拌至面糊略软后加入奶酪搅拌。
4 用勺子将面糊舀在烤盘上，要间隔一定距离。
5 保持面糊形状大体一致，用刷子涂抹蛋黄后放入200℃的烤箱内烘烤25～30分钟。

多种材料

罗勒胡椒&腰果

材料、做法（小40个份）
参照奶酪咸泡芙的做法。在3中将50g切碎的腰果、10g罗勒胡椒连同奶酪一起放入。

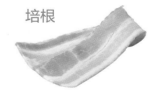

培根

材料、做法（小40个份）
参照奶酪咸泡芙的做法。在3中将50g切成1cm的培根块连同奶酪一起放入。

Eclair

闪电泡芙

用淋酱封住棒状泡芙皮里面塞满的奶油。

材料、做法（长10cm12个份）
1 参照P.44泡芙皮的材料、做法制作。
2 做成长的泡芙皮，烤法与普通泡芙皮一样。
3 烤好后在泡芙皮中间竖切一刀，放凉。
4 将喜欢的奶油挤入切口中，淋上淋酱。

巧克力卡仕达酱

巧克力闪电泡芙

材料（易制作的分量）
卡仕达酱……材料、做法参照P.45（约500g）
甜巧克力……80g

做法
卡仕达酱隔水加热，再加入融化的巧克力混合搅拌。

摩卡卡仕达酱

摩卡闪电泡芙

材料（易制作的分量）
卡仕达酱……材料、做法参照P.45（约500g）
速溶咖啡……2大勺
热水……1大勺

做法
卡仕达酱隔水加热，再加入用热水冲开的速溶咖啡混合搅拌。

巧克力淋酱

材料（易制作的分量）
甜巧克力……50g
黄油（无盐）……50g

做法
碗中放入切碎的巧克力和黄油，隔水加热溶化后，用勺子淋在泡芙上。

摩卡糖衣

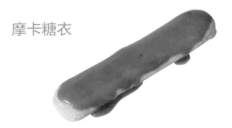

材料（易制作的分量）
糖粉……100g
速溶咖啡……2小勺
热水……1大勺

做法
用热水冲开速溶咖啡和糖粉，用勺子淋在泡芙上。

可丽饼

材料
（直径18cm8个份）
面团
低筋面粉……50g
黄油（无盐）……15g
鸡蛋……1个
细砂糖……20g
牛奶……150mL
色拉油……少许

事前准备
● 低筋面粉过筛。
● 黄油放入耐热容器内，用微波炉
（600W）加热10秒左右。

 详细步骤参照P.54

用锅勺底摊薄

1 将面糊倒入平底锅内
参照P.54中1～4的做法制作面糊。加
热平底锅后涂一层薄薄的色拉油，倒
入锅勺一半量的面糊，再用锅勺底摊
薄。

2 煎至边缘变色
边缘变色后用牙签挑开四周。

3 翻面
翻面煎30秒左右。

烤薄饼

材料（直径12cm4个份）
面团
低筋面粉……200g
发酵粉……2小勺
黄油（无盐）……30g
盐……1小撮
鸡蛋……2个
细砂糖……40g
牛奶……200mL
香草精……少许
色拉油……少许

事前准备
- 低筋面粉和发酵粉混合后过筛。
- 黄油放入耐热容器内，用微波炉（600W）加热20秒左右。

◀ 详细步骤参照P.57

1 将面糊倒入锅内，制作直径12cm的圆饼
参照P.57中**1～3**的做法制作面糊。中火加热平底锅后薄薄涂一层色拉油，倒入锅勺一勺量的面糊。

面饼表面布满气泡后翻面

2 表面出现气泡后翻面
表面出现气泡后翻面。

3 烘烤反面
烤至另一面也出现烤色即可。

Grêpe

可丽饼

用平底锅就能轻松制作的美味甜点。随心搭配奶油或水果。

牛奶

低筋面粉

色拉油

细砂糖

黄油

鸡蛋

材料（直径18cm8个份）
面团
低筋面粉……50g
黄油（无盐）……15g
细砂糖……20g
鸡蛋……1个
牛奶……150mL
色拉油……少许

装饰
草莓……适量
巧克力酱汁……适量
糖粉……适量

事前准备
● 低筋面粉过筛。
● 黄油放入耐热容器内，用微波炉（600W）加热10秒左右。

做法
1 碗中放入鸡蛋搅散，快速搅拌后加入细砂糖混合。
2 加入低筋面粉混合，再加入黄油搅拌。
3 分次加入牛奶混合搅拌。
4 包裹保鲜膜后放入冰箱内冷藏半天。
5 加热平底锅后薄薄涂一层色拉油，倒入锅勺一半量的面糊，再用锅勺底摊薄。边缘变色后用牙签挑开四周翻面，煎30秒左右（参照P.52）。

椰子酱汁

材料
（易制作的分量）
牛奶……200mL
A 玉米淀粉……12g
椰子粉……30g
细砂糖……50g
椰蓉……适量

做法
锅中放入A加热，用木铲搅拌。黏稠后关火放凉，需要淋在可丽饼上时撒上椰蓉。

覆盆子酱汁

材料
（易制作的分量）
覆盆子……100g
细砂糖……25g

做法
1 小锅中放入覆盆子和细砂糖，中火加热。
2 煮沸后关火。

奶油酱汁

材料（易制作的分量）
淡奶油……100g
水……2大勺
细砂糖……100g

做法
1 小锅中放入水和细砂糖加热。糖水稍微变色前，不要去搅动或晃动锅子。
2 另起一个锅煮淡奶油。
3 1中的细砂糖溶解并变成深褐色后关火，加入2的热淡奶油中搅拌。

抹茶冰激凌&黄豆粉奶油

材料（易制作的分量）
淡奶油……200g
三温糖……20g
黄豆粉……50g
顶部装饰
抹茶冰激凌……适量

做法
碗中放入淡奶油和三温糖打至八分发。加入黄豆粉搅拌即可。

草莓冰激凌&香草奶油

材料
（易制作的分量）
淡奶油……200g
细砂糖……15g
香草豆……少许
顶部装饰
草莓冰激凌……适量

做法
碗中放入材料打至八分发即可。

香蕉&卡仕达酱

材料（易制作的分量）
卡仕达酱……材料、做法参照P.45（约500g）
顶部装饰
香蕉……适量

红豆馅&栗子奶油

材料（易制作的分量）
A 淡奶油……200g
白兰地……2小勺
栗子糊……100g
顶部装饰
红豆馅……适量

做法
碗中放入A打至八分发。加入栗子糊搅拌即可。

Mille crêpes

千层可丽饼

奶油、可丽饼与其他配料搭配完成。多种奶油任你选择。

材料、做法
1 参照P.54可丽饼面糊的做法制作。
2 层层夹入喜欢的奶油和食材。

多种奶油&顶部装饰

狝猴桃&朗姆葡萄干奶油

材料（易制作的分量）
淡奶油……200g
朗姆酒……1大勺
葡萄干……100g
顶部装饰
狝猴桃……适量

做法
1 碗中放入淡奶油，朗姆酒打至八分发。加入葡萄干搅拌。
2 把1涂在可丽饼上，铺上一层狝猴桃片，再盖上另一片可丽饼。

草莓&卡仕达酱

材料（易制作的分量）
卡仕达酱……材料、做法参照P.45（约500g）
顶部装饰
草莓……适量

做法
把卡仕达酱涂在可丽饼上，铺上一层草莓片，再盖上另一片可丽饼。

红豆馅&抹茶奶油

材料
（易制作的分量）
淡奶油……200g
白巧克力……80g
抹茶粉……1小勺
水……1小勺
顶部装饰
红豆馅……适量

做法
1 锅中放入60g淡奶油加热煮沸。
2 碗中放入切碎的巧克力，再放入1使其溶化，搅拌至顺滑。
3 用水冲开抹茶粉。
4 混合2、3和剩余的淡奶油，打至八分发。
5 将4涂在可丽饼上，铺上一层红豆馅，再盖上另一片可丽饼。

巧克力&香草奶油

材料（易制作的分量）
淡奶油……200g
细砂糖……15g
香草豆……少许
顶部装饰
巧克力碎……适量

做法
1 碗中放入奶油的材料打至八分发。
2 将1涂在可丽饼上，铺上一层巧克力碎，再盖上另一片可丽饼。

Pancake

烤薄饼

在家必做的甜点。要想烤色美丽，
那么平底锅的热度不能过高。

多种顶部装饰

黑蜜

材料
黑蜜……适量

草莓泥

材料
草莓泥……适量

枫糖浆

材料
枫糖浆……适量

牛奶

低筋面粉

香草精

黄油

色拉油

细砂糖

鸡蛋

发酵粉

盐

材料
（直径12cm4个份）
面团
低筋面粉……200g
发酵粉……2小勺
黄油（无盐）……30g
盐……1小撮
鸡蛋……2个
细砂糖……40g
牛奶……200mL
香草精……少许
色拉油……少许

装饰
果酱……适量
淡奶油……适量
糖粉……适量
水果……适量

事前准备
● 低筋面粉和发酵
粉混合后过筛。
● 黄油放入耐热容
器内，用微波炉
（600W）加热
20秒左右。

做法
1 碗中搅散鸡蛋，加入盐、黄油
和香草精后充分搅拌。
2 另一个碗内加入粉类和细砂
糖，搅拌均匀。中间挖一个凹
洞，分次加入1搅拌均匀。
3 分次加入牛奶，搅拌至面糊顺
滑。
4 加热平底锅后涂一层薄薄的色
拉油，改小火，倒入锅勺一勺
量的面糊。表面布满气泡并破
裂后翻面（参照P.53）。
5 烤至另一面也出现烤色即可。

甜甜圈

材料（直径6cm 6个份）

低筋面粉……120g
发酵粉……1小勺
黄油（无盐）……15g
鸡蛋……1/2个
细砂糖……30g
牛奶……30mL

事前准备

- 低筋面粉和发酵粉混合后过筛。
- 黄油放入耐热容器内，用微波炉（600W）约加热10秒。
- 鸡蛋搅散。

← 详细步骤参照P.60

1 混合鸡蛋、细砂糖和牛奶
碗中放入鸡蛋、细砂糖和牛奶充分搅拌。

↓

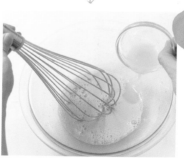

2 加入软化的黄油搅拌
加入黄油继续搅拌。

↓

3 加入粉类搅拌，放入冰箱内冷藏
加入面粉用橡胶刮刀搅拌好后，用保鲜膜包住放入冰箱冷藏30分钟以上。

4 擀面团
案板上撒干粉（高筋面粉·材料表外），将面团擀平。

↓

> 如果没有模具，可将面团搓成条状后绕成一个圆形。

5 用甜甜圈模具塑形
模具上蘸干粉后塑形。

↓

> 边缘炸成金黄色后翻面

6 油炸
将油（材料表外）热至170℃时放入面团油炸，炸至金黄色即可。

西班牙油条

材料（15cm 10根）
低筋面粉……60g
鸡蛋……1/2～1个
黄油（无盐）……15g
盐……1小撮
牛奶……100mL

事前准备
- 低筋面粉过筛。
- 黄油放入耐热容器内，用微波炉（600W）加热约40秒。
- 鸡蛋搅散。
- 裱花袋搭配星形裱花嘴。

← 详细步骤参照P.63

推荐使用大号的平底锅炸制

1 将面糊倒入平底锅内

将面糊倒入裱花袋中，在170℃的热油（材料表外）中挤10～15cm长。

↓

2 用筷子塑形油炸

用筷子保持其长条的形状，炸至金黄色即可。

法琪泡芙圈

材料（8个份）
低筋面粉……60g
鸡蛋……2或3个
黄油（无盐）……40g
水……100mL

事前准备
- 低筋面粉过筛。
- 黄油放入耐热容器内，用微波炉（600W）加热约40秒。
- 烘焙纸剪成边长10cm的正方形。
- 鸡蛋搅散。
- 裱花袋搭配星形裱花嘴。

← 详细步骤参照P.62

1 挤面糊

将面糊倒入裱花袋中，在烘焙纸上挤出圆形。

↓

捏住烘焙纸的角慢慢放入油中

2 将面糊和烘焙纸一起放入锅中油炸

油（材料表外）加热至170℃后，将面糊和烘焙纸一起放入油炸，面糊膨胀后翻面，去掉烘焙纸继续油炸，直至整体变成金黄色。

Donut

甜甜圈

不论形状还是味道都是最正统、最怀旧的甜品。金黄色的颜色最勾人食欲。

低筋面粉

细砂糖

鸡蛋

牛奶

黄油

发酵粉

材料（直径6cm 6个份）
低筋面粉……120g
发酵粉……1小勺
黄油（无盐）……15g
鸡蛋……1/2个
细砂糖……30g
牛奶……30mL

事前准备
- 低筋面粉和发酵粉混合后过筛。
- 黄油放入耐热容器内，用微波炉（600W）加热约10秒。
- 鸡蛋搅散。

做法（参照P.58）
1 碗中放入鸡蛋、细砂糖和牛奶充分搅拌。
2 加入黄油继续搅拌。
3 加入面粉，用橡胶刮刀搅拌均匀后，用保鲜膜包住放入冰箱冷藏30分钟以上。
4 案板上撒干粉（高筋面粉·材料表外）后，将面团擀平，用甜甜圈模具塑形。
5 将油（材料表外）热至170℃时放入4油炸，炸至金黄色即可。

米粉面团

材料
（直径6cm 10个份）
米粉……180g
发酵粉……1小勺
牛奶……1大勺
黄油（无盐）……15g
鸡蛋……1个
细砂糖……40g

事前准备
- 米粉和发酵粉混合后过筛。
- 将牛奶、黄油放入耐热容器内，用微波炉（600W）加热约10秒。
- 鸡蛋搅散。

做法
1 碗中放入鸡蛋、细砂糖充分搅拌，再加入粉类搅拌，最后加入牛奶、黄油，搅拌至看不到面粉。
2 用保鲜膜包住，放入冰箱冷藏30分钟以上。
3 案板上撒干粉（高筋面粉·材料表外），将面团擀平，用甜甜圈模具塑形。
4 将油（材料表外）热至170℃时放入3油炸，炸至金黄色即可。

豆浆面团

材料
（直径6cm 6个份）
低筋面粉……150g
发酵粉……1小勺
豆浆……85mL
粗制甘蔗糖……30g
色拉油……1大勺

事前准备
- 低筋面粉和发酵粉混合后过筛。

做法
1 碗中放入豆浆、粗制甘蔗糖充分搅拌，再加入色拉油搅拌，最后加入粉类搅拌均匀。
2 案板上撒干粉（高筋面粉·材料表外），将面团擀平，用甜甜圈模具塑形。
3 将油（材料表外）热至170℃时放入2油炸，炸至金黄色即可。

水果面团

材料
（直径6cm 10个份）
低筋面粉……200g
发酵粉……1/2大勺
鸡蛋……1个
细砂糖……50g
牛奶……30mL
黄油（无盐）……20g
水果干……100g
朗姆酒……1大勺

事前准备
- 水果干用朗姆酒泡软。

做法
参照P.60甜甜圈的做法。在3中加入粉类和酒腌水果干即可。

香草面团

材料（直径6cm 6个份）
低筋面粉……150g
发酵粉……1/2小勺
鸡蛋……1/2个
细砂糖……25g
牛奶……30mL
黄油（无盐）……20g
培根……2片
喜欢的干香草……少许
盐……少许

事前准备
- 干香草与培根切碎。

做法
参照P.60甜甜圈的做法。在3中加入粉类、干香草和培根即可。

材料
肉桂糖……适量

做法
将肉桂糖撒在甜甜圈上即可。

肉桂糖

材料
可可粉……适量
细砂糖……适量

做法
将可可粉和细砂糖混合后撒在甜甜圈上即可。

可可

材料
黑糖……30g
黄豆粉……30g

做法
将黑糖和黄豆粉撒在甜甜圈上即可。

黑糖黄豆粉

French Cruller

法琪泡芙圈

口感膨松的甜甜圈搭配巧克力和奶油，打造全新的美味。

材料（8个份）
低筋面粉……60g
鸡蛋……2或3个
黄油（无盐）……40g
水……100mL

事前准备
- 低筋面粉过筛。
- 烘焙纸剪成边长10cm的正方形。
- 鸡蛋搅散。
- 裱花袋搭配星形裱花嘴。

做法

1 锅中放入黄油和水一同加热，即将煮沸时关火。

2 关火后加入低筋面粉快速搅拌。

3 分次加入鸡蛋搅拌，直至提起橡胶刮刀后，面糊呈倒三角形慢慢滑落的程度。

4 将面糊倒入裱花袋中，在烘焙纸上挤一个圆形（参照P.59）。

5 油（材料表外）加热至170℃后，将4和烘焙纸一起放入锅中油炸，面糊膨胀后翻面，去掉烘焙纸继续油炸，直至整体变成金黄色。

低筋面粉　水　黄油　鸡蛋

多种淋酱

卡仕达酱&糖粉

材料（易制作的分量）
卡仕达酱……材料、做法参照P.45（约500g）
糖粉……适量

做法
从法琪泡芙圈侧面切一刀，切入一半深度，挤入卡仕达酱，最后在法琪泡芙圈上撒上糖粉即可。

材料（易制作的分量）
甜巧克力……50g
黄油（无盐）……50g

做法
碗中放入切碎的巧克力和黄油，隔水加热溶化后，用勺子淋在泡芙上即可。

巧克力淋酱

白巧克力淋酱

材料（易制作的分量）
白巧克力……100g

做法
巧克力切碎后放入耐热容器内，包上保鲜膜后用微波炉（600W）加热30秒～1分钟，再次搅拌均匀，用勺子淋在泡芙上即可。

Churros

西班牙油条

炸好后撒上薄薄一层肉桂，甜脆的口感让人根本停不了嘴。

低筋面粉
牛奶
细砂糖
肉桂粉
鸡蛋
盐
黄油

多种淋酱

杏仁粉

材料（易制作的分量）
杏仁粉……适量
细砂糖……30g

做法
将杏仁粉和细砂糖混合后撒在西班牙油条上即可。

椰子糖

材料（易制作的分量）
椰子糖……适量

做法
将椰子糖撒在西班牙油条上即可。

抹茶

材料（易制作的分量）
抹茶粉……适量
糖粉……适量

做法
将抹茶粉和糖粉混合后撒在西班牙油条上即可。

材料
（15cm 10根）
面糊
低筋面粉……60g
鸡蛋……1/2～1个
黄油（无盐）……15g
盐……1小撮
牛奶……100mL
装饰用
细砂糖……3大勺
肉桂粉……1/2小勺

事前准备
● 低筋面粉过筛。
● 鸡蛋搅散。
● 裱花袋搭配星形裱花嘴。

做法
1 锅中放入黄油、盐和牛奶一同加热，即将煮沸时关火。
2 关火后加入低筋面粉快速搅拌。
3 分次加入鸡蛋搅拌，直至提起橡胶刮刀后，面糊呈倒三角形慢慢滴落的程度。
4 将面糊倒入裱花袋中，在170℃的热油（材料表外）中挤10～15cm长（参照P.59）。
5 将装饰用的材料混合好，趁热撒在炸好的4上。

布丁

基础做法

焦糖酱汁

材料
细砂糖……60g
水……2大勺
热水……2大勺

事前准备
● 容器内涂抹薄薄一层色拉油（材料表外）。

← 详细步骤参照P.66

1 准备容器
容器内侧涂抹一层色拉油。

↓

2 加热细砂糖和水
锅中放入细砂糖和水进行加热。

↓

3 搅拌至糖水出现焦糖色
边缘出现焦糖色后开始不停地搅拌。

注意不要被飞溅的糖浆烫伤

4 关火加热水
关火后一次性加入所有的热水，注意不要被飞溅的糖浆烫伤。

↓

5 倒入容器内，待其散热放凉凝固
趁热倒入容器内，待其散热放凉凝固。

布丁液

材料（直径5cm的布丁杯6个份）
布丁液
鸡蛋……2个
牛奶……250mL
细砂糖……40g
香草精……少许

事前准备
• 烤箱160℃预热。

← 详细步骤参照P.66

1 加热牛奶和细砂糖，鸡蛋内加入香草精
锅中放入牛奶和细砂糖进行加热；碗中搅散鸡蛋后加入香草精混合。

↓

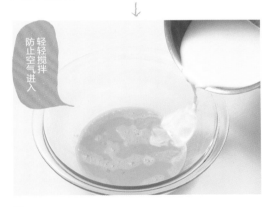

轻轻搅拌
防止空气进入

2 分次加入牛奶，轻轻混合搅拌
趁热将牛奶分次加入，轻轻混合搅拌。

↓

3 过滤布丁液
用滤网过滤布丁液。

防止布丁液与焦糖混合，所以要慢慢倒入

4 慢慢倒入容器内
慢慢倒入有焦糖的容器内。

↓

5 烤盘放入热水后烘烤
将4放在大号的方形平底盘中，再放在烤盘上。在方形平底盘加入一半高度的热水，放入160℃的烤箱内烘烤30分钟左右。

Pudding

布丁

温和的鸡蛋与略苦的焦糖堪称绝配。

南瓜布丁

香草精　牛奶　热水
细砂糖　细砂糖　鸡蛋　水

材料
（直径5cm的布丁杯6个份）
南瓜……小号1/4个（约170g）
牛奶……100mL
淡奶油……100g
蛋黄……1个
鸡蛋……1个
细砂糖……65g
肉豆蔻粉……少许

事前准备
• 容器内涂抹薄薄一层色拉油（材料表外）。
• 烤箱160℃预热。

做法
1 南瓜去皮去籽，切成一口大小的块，蒸熟或放入耐热容器中用微波炉（600W）加热至变软，趁热用滤网过滤。
2 锅中放入牛奶和淡奶油进行加热。
3 碗中放入蛋黄、鸡蛋、细砂糖和肉豆蔻粉，充分搅拌后先放2再放1进行搅拌。
4 用滤网过滤后，慢慢倒入容器内。
5 将4放在大号的方形平底盘中，再放在烤箱上。加入方形平底盘一半高度的热水，放入160℃的烤箱内烘烤30分钟左右。

材料（直径5cm的布丁杯6个份）
焦糖
细砂糖……60g
水……2大勺
热水……2大勺
布丁液
牛奶……250mL
细砂糖……40g
鸡蛋……2个
香草精……少许

事前准备
• 容器内涂抹薄薄一层色拉油（材料表外）。
• 烤箱160℃预热。

焦糖的做法（参照P.64）
1 锅中放入细砂糖和水进行加热。
2 搅拌至糖水出现茶色后关火，加入热水（注意不要被飞溅的糖浆烫伤）。
3 趁热倒入容器内，待其散热放凉凝固。

布丁液的做法（参照P.65）
1 锅中放入牛奶和细砂糖进行加热。
2 碗中搅散鸡蛋后加入香草精混合，分次加入1搅拌。
3 用滤网过滤布丁液，慢慢倒入有焦糖的容器内。
4 将3放在大号的方形平底盘中，再放在烤箱上，在方形平底盘加入一半高度的热水，放入160℃的烤箱内烘烤30分钟左右。

Crème brulée

法式焦糖布丁

烤焦的砂糖搭配肉桂与香草豆，充满欧式风情的甜品。

材料（4个份）
布丁液
香草豆……1/2根
淡奶油……80g
牛奶……80mL
肉桂棒……1/2根
蛋黄……2个
细砂糖……30g
装饰用
细砂糖……适量

事前准备
● 烤箱160℃预热。
● 用菜刀轻轻切开香
草豆的外皮，取出
豆子。

做法
1 锅中放入淡奶油、
牛奶、香草豆和肉
桂棒进行加热，即
将煮沸时关火。
2 碗中放入蛋黄，搅
散后加入砂糖充分
搅拌。
3 将1分次加入2中，
并不停搅拌。
4 将3慢慢倒入容器
内，摆在烤盘上，
并在烤盘上倒入热
水，放入160℃的
烤箱内烘烤30～
40分钟。
5 稍微放凉后表面撒
上细砂糖，将用火
烤过的勺子背压在
表面，将糖烤焦。

基础做法

玛德琳蛋糕

材料（10个份）

低筋面粉……35g
杏仁粉……15g
发酵粉……1/4小勺
黄油（无盐）……50g
鸡蛋……1个
细砂糖……40g

事前准备

- 低筋面粉、杏仁粉和发酵粉混合后过筛。
- 黄油放入耐热容器内，用微波炉（600W）加热约30秒。
- 烤箱180℃预热。

← 详细步骤参照P.70

1 模具内涂抹黄油
用手指在模具内涂抹黄油（材料表外），并放入冰箱冷藏。

↓

2 撒低筋面粉
在模具内撒低筋面粉(材料表外)。

↓

3 抖掉多余的面粉
将模具倒过来，抖掉多余的面粉。

由于面糊会膨胀，所以倒入八分满即可

4 将面糊倒入模具内八分满
将做好的面糊倒入模具内，且由于面糊会膨胀，所以倒入八分满即可。

↓

5 放入烤箱烘烤
模具放在烤盘上，放入180℃烤箱内烘烤13～15分钟。

司康饼

材料（8个份）
低筋面粉……200g
发酵粉……1大勺
黄油（无盐）……60g
细砂糖……20g
盐……1小撮
牛奶……80mL

事前准备
● 低筋面粉和发酵粉混合后过筛。
● 黄油切成1cm的块，放入冰箱内冷藏。
● 烤箱200℃预热。
● 烤盘上铺一张烘焙纸。
← 详细步骤参照P.73

1 面粉里加入细砂糖、盐
碗中放入面粉、细砂糖和盐混合。

↓

4 用手指将黄油和面粉搓合
黄油捣碎后，两手揉搓面粉与黄油，直至呈现干爽状态。

↓

7 用保鲜膜包裹
用保鲜膜包住，放入冰箱冷藏1小时以上。

↓

2 加入黄油
加入黄油混合搅拌。

↓

5 加入牛奶
面粉中间挖一个凹洞，倒入牛奶混合。

↓

8 将面团8等分
将面团擀成15cm×15cm后8等分。

↓

3 捣碎黄油，使其裹满面粉
使用刮刀捣碎黄油，使其裹满面粉。

6 揉面团
用刮刀混合面粉，使其变成一个面团。

↓

9 摆在烤盘上，表面涂抹牛奶
表面用刷子涂抹牛奶（材料表外），放入200℃的烤箱内烘烤20分钟左右。

Madeleine

玛德琳蛋糕

最适合当做礼物的小巧糕点。当然，为了造型美观，复杂的模具准备工作必不可少。

材料（10个份）
低筋面粉……35g
杏仁粉……15g
发酵粉……1/4小勺
黄油（无盐）……50g
鸡蛋……1个
细砂糖……40g

事前准备
- 低筋面粉、杏仁粉、发酵粉混合后过筛。
- 黄油放入耐热容器内，用微波炉（600W）加热约30秒。
- 模具涂抹过黄油（材料表外）后放入冰箱冷藏，撒上低筋面粉（材料表外）后抖掉多余的面粉（参照P.68）。
- 烤箱180℃预热。

做法
1 碗内搅散鸡蛋后，加入白砂糖搅拌。
2 加入面粉后，用橡胶刮刀切拌。
3 加入黄油后混合均匀，将面糊倒入模具内八分满。
4 模具放在烤盘上，放入180℃烤箱内烘烤13～15分钟（参照P.68）。
5 烤好后脱模散热放凉。

低筋面粉

黄油

细砂糖

鸡蛋

发酵粉　　杏仁粉

多种面糊

可可

材料（10个份）
低筋面粉……35g
杏仁粉……10g
可可粉……5g
发酵粉……1/4小勺
黄油（无盐）……50g
鸡蛋……1个
细砂糖……40g

事前准备
- 低筋面粉、杏仁粉、可可粉和发酵粉混合后过筛。

做法
参照玛德琳蛋糕的做法。

栗子

材料、做法（10个份）
参照玛德琳蛋糕的做法。在3中将50g切碎的甜煮栗子放在倒入面糊的模具上即可。

黑莓

材料、做法（10个份）
参照玛德琳蛋糕的做法。在3中将50g切碎的黑莓放在倒入面糊的模具上即可。

Financiers

费南雪

宛如金条的外形是它最大的特征。
加入烤焦的黄油能使香味更为浓郁。

多种面糊

黑芝麻

材料、做法
（费南雪模具12个份）
参照费南雪的做法。在2中将15g
黑芝麻连同面粉一同加入即可。

抹茶

材料、做法
（费南雪模具12个份）
参照费南雪的做法。事前准备中
将高筋面粉、低筋面粉、杏仁粉
和1小勺抹茶粉一同混合过筛。

低筋面粉
杏仁粉
黄油
高筋面粉
细砂糖
蛋白
糖水

红茶

材料、做法（费南雪模具12个份）
参照费南雪的做法。在2中将5g
切碎的红茶茶叶连同面粉一同加
入即可。

材料（费南雪模具12个份）
高筋面粉……20g
低筋面粉……20g
杏仁粉……40g
黄油（无盐）……100g
蛋白……100g
细砂糖……100g
糖水……15g

事前准备
● 高筋面粉、低筋面粉和杏仁粉混合后
　过筛。
● 烤箱180℃预热。
● 模具涂抹过黄油（材料表外）后放入
　冰箱冷藏，撒上低筋面粉（材料表

外）后抖掉多余的面粉（参照P.68）。

做法
1 碗内放入蛋白，搅散后加入白砂糖和糖
　水充分搅拌。
2 加入面粉后充分搅拌。
3 锅中放入黄油中火加热，直至黄油出现
　浓茶色后，将锅移到湿抹布上放凉。
4 将3分次加入2中搅拌后，用勺子将面
　糊舀入模具至九分满。
5 模具放在烤盘上，放入180℃烤箱内烘
　烤13～15分钟。
6 烤好后放在模具中散热放凉，然后脱模。

Rusk

甜面包干

略硬的风干面包用来制作甜面包干再适合不过。提升美味度的同时，还延长了食物的保存期。

多种顶部装饰

材料
大蒜辣椒粉……适量

大蒜辣椒粉

做法
参照甜面包干的做法。在3中将2替换成黄油和大蒜辣椒粉的混合物，撒在甜面包干上即可。

黑糖黄豆粉

材料
黑糖……30g
黄豆粉……30g
水……1小勺

做法
参照甜面包干的做法。在3中将2替换成黑糖、黄豆粉和水，涂抹在甜面包干上即可。

法式面包　黄油

细砂糖　椰蓉

材料
肉桂糖……10g
黄油（无盐）……15g

肉桂糖

做法
参照甜面包干的做法。在3中将2替换成肉桂糖和黄油的混合物，涂抹在甜面包干上即可。

材料（15个份）
法式面包……1/3根
黄油（无盐）……60g
细砂糖……40g
椰蓉……20g

事前准备
● 烤箱120℃预热。
● 黄油室温软化。

做法
1 将法式面包切成1cm厚的片，摆在烤盘上放入120℃的烤箱内烘烤15分钟左右。
2 将黄油、细砂糖和椰蓉混合搅拌。
3 在1的两面涂抹2，放入120℃的烤箱内烘烤15分钟左右。

Scone

司康饼

下午茶必不可少的点心。抹上果酱或奶油搭配红茶，享受悠闲的下午茶时光吧！

材料（8个份）
低筋面粉……200g
发酵粉……1大勺
黄油（无盐）……60g
细砂糖……20g
盐……1小撮
牛奶……80mL

事前准备
● 低筋面粉和发酵粉混合后过筛。
● 黄油切成1cm的块，放入冰箱内冷藏。
● 烤箱200℃预热。
● 烤盘上铺一张烘焙纸。

做法（参照P.69）
1 碗中放入面粉、细砂糖和盐混合。
2 加入黄油，一边捣碎一边搅拌，搅拌至一定程度后用两手揉搓混合面粉与黄油。
3 面粉中间挖一个凹洞，倒入牛奶切拌，将其揉成面团。
4 用保鲜膜包住，放入冰箱冷藏1小时以上。
5 将面团擀成15cm×15cm后8等分，摆在烤盘上，表面涂抹牛奶（材料表外）。
6 放入200℃的烤箱内烘烤20分钟左右。

黄油 / 低筋面粉 / 牛奶 / 细砂糖 / 发酵粉 / 盐

多种材料

覆盆子

材料、做法（8个份）
参照司康饼的做法。在3中加入50g覆盆子，揉进面团里即可。

核桃

材料、做法（8个份）
参照司康饼的做法。在3中加入50g核桃，揉进面团里即可。

蓝莓

材料、做法（8个份）
参照司康饼的做法。在3中加入50g蓝莓，揉进面团里即可。

Muffin

玛芬蛋糕

外表酥脆，内里松软绵密。里面加入满满的新鲜蓝莓，味道更佳。

蓝莓

低筋面粉

原味酸奶

细砂糖

黄油

鸡蛋

发酵粉

材料（直径6cm的锡制杯6个份）
低筋面粉……120g
发酵粉……1小勺
黄油（无盐）……60g
鸡蛋……1个
细砂糖……60g
蓝莓……60g
原味酸奶……1大勺

事前准备
- 低筋面粉和发酵粉混合后过筛。
- 烤箱180℃预热。
- 模具里铺一个纸杯。
- 黄油室温软化。
- 鸡蛋搅散。

做法
1 碗中放入黄油和细砂糖，搅打成奶油状。
2 分3次加入鸡蛋，充分搅拌。
3 加入粉类后用橡胶刮刀切拌，再加入原味酸奶混合搅拌。
4 将面糊倒入模具内，放入180℃的烤箱内烘烤25分钟左右。

多种面糊

枫糖浆面糊

材料、做法（直径6cm锡制杯6个份）
参照玛芬蛋糕的做法。在3中将原味酸奶和蓝莓替换成30g枫糖浆即可。

材料、做法（直径6cm锡制杯6个份）
参照玛芬蛋糕的做法。在3中将原味酸奶和蓝莓替换成1个磨碎的柠檬皮、1大勺柠檬汁、5g切成末的生姜即可。

柠檬姜汁面糊

香蕉面糊

材料、做法（直径6cm锡制杯6个份）
参照玛芬蛋糕的做法。在3中将原味酸奶和蓝莓替换成1根切成1cm厚的香蕉片即可。

Steamed bun

蒸面包

没有烤箱也能轻松制作的人气糕点。口感膨松、味道朴素。

多种顶部装饰

核桃

材料
核桃……适量

做法
将面团放入纸杯内，撒上核桃后蒸熟即可。

巧克力碎

材料
巧克力碎……适量

做法
将面团放入纸杯内，撒上巧克力碎后蒸熟即可。

香蕉片

材料
香蕉片……适量

做法
将面团放入纸杯内，撒上香蕉片后蒸熟即可。

低筋面粉

牛奶

细砂糖

发酵粉

材料（直径5cm的纸杯6个份）
低筋面粉……100g
发酵粉……1小勺
细砂糖……40g
牛奶……100mL

事前准备
● 低筋面粉和发酵粉混合后过筛。
● 蒸锅放在火上。
● 蒸锅的盖子包上布。

做法
1 碗中放入低筋面粉、发酵粉和细砂糖充分搅拌，再加入牛奶搅打至顺滑。
2 将面团倒入模具内至七分满。
3 将2摆入蒸锅内中火蒸10分钟。

舒芙蕾奶酪蛋糕

材料（直径18cm的圆形模具1个份）

奶油奶酪……200g
黄油（无盐）……20g
低筋面粉……30g
蛋黄……3个
牛奶……30mL
淡奶油……60g
柠檬汁……10mL
柠檬皮……1/3个
蛋白……3个份

细砂糖……60g

事前准备
- 低筋面粉过筛。
- 奶油奶酪和黄油室温软化。
- 模具内铺一张烘焙纸。
- 烤箱160℃预热。
- 柠檬皮磨碎。

← 详细步骤参照P.78

带状烘焙纸的长度要高出模具

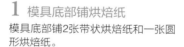

1 模具底部铺烘焙纸
模具底部铺2张带状烘焙纸和一张圆形烘焙纸。

2 模具侧面铺烘焙纸
模具的侧面铺一张带状烘焙纸。

3 隔水加热烘烤
将做好的面糊倒入模具内。将模具放入烤盘中并在烤盘里加入热水，放入160℃的烤箱内烘烤40～45分钟。

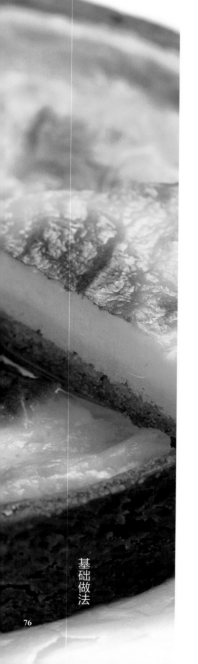

基础做法

底部

侧面

58cm

5cm

带 ×2

30cm

3cm

18cm

饼干底的做法

材料（易制作的分量）
全麦饼干……100g
黄油（无盐）……60g

4 烤好后脱模

烤好后，手持铺在模具底部的带状烘焙纸的一端，慢慢脱模。

轻轻脱模防止破坏蛋糕形状

↓

5 放在蛋糕架上散热放凉

脱模后放在蛋糕架上散热。

饼干底用的饼干放在袋子中碾碎
将饼干底用的饼干放入塑料袋中，用擀面杖等敲碎。加入软化的黄油混合搅拌。

加入黄油风味更佳

如果喜欢甜味，可以适当减少黄油，加入蜂蜜或枫糖浆。

材料
全麦饼干……100g
黄油（无盐）……40g
蜂蜜……20g

蜂蜜

枫糖浆

材料
全麦饼干……100g
黄油（无盐）……40g
枫糖浆……20g

Souffle cheesecake

舒芙蕾奶酪蛋糕

加入丰富的蛋白霜使得蛋糕口感极其膨松；隔水烘烤又使得蛋糕质地绵密。

牛奶　　低筋面粉　　蛋白　　奶油奶酪　　蛋黄　　细砂糖　　淡奶油　　黄油　　柠檬汁、柠檬皮

材料
（直径18cm的圆形模具1个份）
奶油奶酪……200g
黄油（无盐）……20g
低筋面粉……30g
蛋黄……3个
牛奶……30mL
淡奶油……60g
柠檬汁……10mL
柠檬皮……1/3个
蛋白……3个份
细砂糖……60g

事前准备
- 奶油奶酪和黄油室温软化。
- 低筋面粉过筛。
- 模具内铺一张烘焙纸（参照P.76）。
- 烤箱160℃预热。
- 柠檬皮磨碎。

做法
1 碗中放入奶油奶酪和黄油，搅打至奶油状。
2 加入蛋黄充分搅拌。
3 加入面粉搅拌。
4 依次加入牛奶、淡奶油、柠檬汁、柠檬皮搅拌。
5 另一个碗中放入蛋白，加入细砂糖制作蛋白霜（参照P.5）。
6 向4中分2次加入5的蛋白霜，充分混合搅拌。
7 将面糊倒入模具内并放在烤盘上。
8 烤盘内加入热水，放入160℃的烤箱内烘烤40～45分钟（参照P.76）。烤好后脱模放在蛋糕架上放凉。

加工奶酪蛋糕

材料
（直径18cm的圆形模具1个份）

A 加工奶酪……200g
　淡奶油……200g
B 盐……1/3小勺
　蛋黄……3个
　香草精……少许
　牛奶……50mL
　低筋面粉……50g
蛋白……3个份
细砂糖……60g

事前准备
- 加工奶酪切片后室温软化。
- 烤箱180℃预热。

做法
1 耐热容器内放入A，不包保鲜膜用微波炉（600W）加热1分钟，用搅拌器搅打至顺滑。按照B中记载的顺序放入材料，充分搅拌。
2 另一个碗中加入蛋白后打至七分发，分2或3次加入细砂糖，搅打至提起搅拌器后蛋白霜前端呈现三角形。
3 将2分3次放入1内，用橡胶刮刀切拌。
4 将面糊倒入模具内后放在烤盘上。
5 烤盘内加入热水，放入180℃的烤箱内烘烤40～45分钟。

柠檬与农夫奶酪蛋糕

材料
（直径18cm的圆形模具1个份）

农夫奶酪……200g
A 柠檬汁……30mL
　香草精……少许
　柠檬皮……1个
　蛋黄……3个
　低筋面粉……30g
　牛奶……100mL
蛋白……3个份
细砂糖……80g

事前准备
- 农夫奶酪室温软化。
- 烤箱180℃预热。
- 柠檬皮磨碎。

做法
1 碗中放入农夫奶酪搅打至奶油状。按照A中记载的顺序加入并充分搅拌。
2 参照加工奶酪蛋糕做法的2～4制作。
3 烤盘内加入热水，放入180℃的烤箱内烘烤40～45分钟。

布丁风味南瓜奶酪蛋糕

材料（直径18cm的圆形模具1个份）
面糊
奶油奶酪……200g
A 细砂糖……120g
　南瓜……180g
　蛋黄……2个
　鸡蛋……1个
　淡奶油……100g
　牛奶……100mL
　酸奶……200g
　香草精……少许
焦糖汁
B 细砂糖……180g
　水……2大勺
热水……2大勺

事前准备
- 烤箱180℃预热。
- 南瓜去皮后切成5cm大的块，浸泡片刻。放入耐热容器内用微波炉（600W）加热6～7分钟，用叉子压碎。

做法
1 小锅内加入B加热，待糖浆呈茶色后加入热水。旋转小锅轻轻搅拌，再迅速倒入模具内使其冷却。
2 碗中放入奶油奶酪搅打至柔软，按照A中记载的顺序放入材料充分搅拌。
3 烤盘内加入热水，放入180℃的烤箱内烘烤40分钟。
4 取出烤箱后将模具底放在火上轻轻烤，待焦糖汁溶化后盖在盘子上即可。

菠菜奶酪蛋糕

材料（直径18cm的圆形模具1个份）
A 菠菜……80g
　牛奶……20mL
农夫奶酪……200g
B 盐……1/3小勺
　蛋黄……3个
　柠檬汁……1小勺
　低筋面粉……30g
　豪达奶酪……30g
蛋白……4个份
细砂糖……60g

事前准备
- 加工奶酪磨碎。
- 菠菜切碎后水煮，使用搅拌机加牛奶搅打成稠糊状。
- 烤箱180℃预热。

做法
1 碗中放入加工奶酪搅打至柔软，按照A、B中记载的顺序放入食材搅拌充分。
2 参照加工奶酪蛋糕做法的2～4制作。
3 烤盘内加入热水，放入180℃的烤箱内烘烤40～45分钟。

共同的事前准备与要点

事前准备
- 低筋面粉过筛。
- 模具内铺一张烘焙纸（参照P.76）。

要点
- 隔水烘烤时若中途热水被烤干可继续添水。放凉后连同模具一起放入冰箱冷藏2～3小时。

Baked cheesecake

烘焙奶酪蛋糕

表面带有美丽的烤色，浓郁的奶酪味让喜爱奶酪的人欲罢不能。

淡奶油

低筋面粉

奶油奶酪

全麦饼干

细砂糖

黄油

鸡蛋

柠檬汁

黄油

材料（直径18cm的圆形模具1个份）
*最好使用活底模具
奶酪面糊
奶油奶酪……200g
低筋面粉……30g
鸡蛋……2个
黄油（无盐）……30g
细砂糖……60g
柠檬汁……1大勺
淡奶油……100g
饼干底
全麦饼干……100g
黄油（无盐）……60g

事前准备
● 奶油奶酪和黄油室温软化。
● 低筋面粉过筛。
● 鸡蛋搅散。
● 烤箱180℃预热。
● 将全麦饼干放入塑料袋中，用擀面杖等敲碎（参照P.77）。
● 饼干底用黄油放入耐热容器内用微波炉（600W）加热约20秒。

做法
1 碗中放入饼干底的材料充分混合后，倒入模具中用手压平。
2 碗中放入奶油奶酪和黄油搅打至奶油状。
3 加入细砂糖和柠檬汁搅拌。
4 分3或4次加入鸡蛋充分搅拌。
5 加入低筋面粉和淡奶油充分搅拌。
6 将5倒在1上，放入180℃的烤箱内烘烤30分钟。烤好放凉后再放入冰箱内冷藏2~3小时。

香草曲奇

材料
香草曲奇……100g
黄油（无盐）……60g

做法
用香草曲奇代替全麦饼干即可。

咸味麦芽饼干

材料
咸味麦芽饼干……100g
黄油（无盐）……60g

做法
用咸味麦芽饼干代替全麦饼干即可。

夹心饼干

材料
奥利奥等夹心饼干……100g
黄油（无盐）……40g

做法
用夹心饼干代替全麦饼干即可。

红茶面糊

材料（直径18cm的圆形模具1个份）
奶酪面糊
奶油奶酪……200g
淡奶油……150g
细砂糖……100g
红茶茶叶……12g
水……80mL
鸡蛋……2个
低筋面粉……30g
柠檬汁……1大勺
饼干底
全麦饼干……100g
黄油（无盐）……50g

做法
1 制作饼干底。参照烘焙奶酪蛋糕做法中的1。
2 将10g红茶茶叶和水放入小锅中用中火煮制。煮沸后关火盖盖子闷2～3分钟。将剩余的茶叶放入称量杯中，再将煮沸的红茶过滤进去，最后取50mL的红茶液。
3 碗中放入奶油奶酪搅打至奶油状。加入细砂糖、鸡蛋、低筋面粉、柠檬汁和淡奶油充分搅拌，再加入2充分搅拌。
4 将3倒入1上，放入180℃的烤箱内烘烤40～50分钟。烤好放凉后连同模具一起放入冰箱内冷藏2～3小时。

材料（直径18cm的圆形模具1个份）
奶酪面糊
草莓……300g
A 细砂糖……80g
　柠檬汁……2小勺
奶油奶酪……200g
酸奶油……100g
B 低筋面粉……30g
　淡奶油……100g
蛋白……4个份
细砂糖……90g
饼干底
全麦饼干……100g
黄油（无盐）……50g

草莓面糊

做法
1 制作饼干底。参照烘焙奶酪蛋糕做法中的1。
2 将洗净擦干的草莓和A放入耐热容器中。不加盖用微波炉（600W）加热8～10分钟。放凉后用叉子捣碎，制作成1杯左右的酱汁。
3 另一个碗中放入奶油奶酪搅打至奶油状。按照酸奶油、2、B的顺序放入并充分搅拌。
4 另一个碗中放入蛋白，分2或3次加入细砂糖，打至硬性发泡。
5 将3分3次倒在4上，用橡胶刮刀轻轻搅拌。
6 将5倒在1上，放入180℃的烤箱内烘烤50～60分钟。烤好放凉后连同模具一起放入冰箱内冷藏2～3小时。

共同的事前准备和要点

事前准备
● 奶油奶酪和黄油室温软化。
● 低筋面粉过筛。
● 奶油奶酪室温软化。

● 烤箱180℃预热。
● 将全麦饼干放入塑料袋中，用擀面杖等敲碎（参照P.77）。
● 饼干底用黄油放入耐热容器内用

微波炉（600W）加热约20秒。

要点
● 使用活底模具。

Rare cheesecake

雷亚奶酪蛋糕

入口即溶、清凉可口的甜品，只要将材料按顺序混合即可轻松制作，号称绝不会失败的人气甜品。

淡奶油

全麦饼干

奶油奶酪

细砂糖

香草精 Vanilla essence

酸奶

黄油

水

吉利丁粉

柠檬汁

材料（直径18cm的圆形模具1个份）

奶酪面糊
奶油奶酪……200g
细砂糖……80g
原味酸奶……200g
淡奶油……200g
香草精……少许
柠檬汁……2小勺
吉利丁粉……5g
水……2大勺

饼干底
全麦饼干……130g
黄油（无盐）……50g

事前准备
● 奶油奶酪室温软化。
● 将全麦饼干放入塑料袋中，用擀面杖等敲碎（参照P.77）。
● 将吉利丁粉放入水中泡软（参照P.108）。
● 饼干底用黄油放入耐热容器内用微波炉（600W）加热约30秒。

做法
1 碗中放入饼干底的材料充分混合后，倒入模具中用手压平。
2 碗中放入奶油奶酪搅打至奶油状，再加入细砂糖搅拌均匀。
3 加入酸奶、柠檬汁和香草精搅拌。
4 加入一半量的淡奶油搅拌均匀。
5 将剩余的淡奶油放入锅中加热，即将煮沸时关火，加入浸泡过的吉利丁。
6 将5冷却后加入一部分的4搅拌均匀，再加入剩余的5搅拌均匀。
7 将6倒在1上，放入冰箱内冷藏2小时左右使其凝固即可。

黑糖面糊

材料（直径18cm的圆形模具1个份）
奶酪面糊
奶油奶酪……200g
淡奶油……200g
A 黑糖……90g
原味酸奶……200g
吉利丁粉……5g
水……2大勺
饼干底
全麦饼干……130g
黄油（无盐）……50g

事前准备
● 奶油奶酪室温软化。
● 将全麦饼干放入塑料袋中，用擀面杖等敲碎（参照P.77）。
● 将吉利丁粉放入水中泡软（参照P.108）。
● 饼干底用黄油放入耐热容器内用微波炉（600W）加热约30秒。

做法
1 碗中放入饼干底的材料充分混合后，倒入模具中用手压平。
2 碗中放入奶油奶酪搅打至奶油状，再加入A和浸泡过的吉利丁充分搅拌。
3 另一个碗中放入淡奶油打至七分发，再加入2充分搅拌。
4 将3倒在1上，放入冰箱内冷藏3小时左右使其凝固即可。

豆腐面糊

材料
（直径18cm的圆形模具1个份）
奶酪面糊
奶油奶酪……200g
嫩豆腐……150g
细砂糖……60g
吉利丁粉……8g
水……3大勺
柠檬汁……2小勺

事前准备
● 奶油奶酪室温软化。
● 将吉利丁粉放入水中溶解（参照P.108）。
● 豆腐控干水分后过滤。

做法
1 碗中放入奶油奶酪搅打至奶油状，加入细砂糖和柠檬汁搅拌均匀，再加入豆腐一边碾碎一边搅拌。
2 加入浸泡过的吉利丁搅拌均匀。
3 倒入模具中，放入冰箱内冷藏3小时左右使其凝固即可。

巧克力碎曲奇&核桃

材料（易制作的分量）
巧克力碎曲奇……100g
黄油（无盐）……50g
核桃……50g

做法
将全麦饼干替换成巧克力碎曲奇，再加入核桃混合即可。

材料（易制作的分量）
全麦饼干……100g
黄油（无盐）……50g
葡萄干……50g

做法
在全麦饼干底中混合葡萄干即可。

全麦饼干&葡萄干

松饼&蔓越莓

材料（易制作的分量）
松饼……100g
黄油（无盐）……50g
蔓越莓……50g

做法
将全麦饼干替换成松饼，再加入蔓越莓混合即可。

New York cheesecake

纽约奶酪蛋糕

决定此款甜品味道和风味的是酸味奶油。浓郁的奶酪味是它最大的特征。

可可酱汁

多种酱汁

材料
（直径18cm的圆形模具1个份）
可可粉……2大勺
色拉油……1大勺

做法
参照纽约奶酪蛋糕的做法。将酱汁的材料混合好后，在步骤6中仍带有流动性的面糊表面，每次滴上1/2小勺的酱汁小圆点。再在表面用牙签制作大理石纹，最后放入200℃的烤箱内烘烤40分钟。

草莓酱汁

材料（直径18cm的圆形模具1个份）
草莓酱……3大勺

做法
参照纽约奶酪蛋糕的做法。将酱汁的材料混合好后，在步骤6中仍带有流动性的面糊表面，每次滴上1/2小勺的酱汁小圆点。再在表面用牙签尖临摹制作大理石纹，最后放入200℃的烤箱内烘烤40分钟。

材料
（直径18cm的圆形模具1个份）
面糊
奶油奶酪……200g
黄油（无盐）……50g
酸味奶油……150g
细砂糖……100g
鸡蛋……2个
蛋黄……1个
柠檬汁……1/2个份
低筋面粉……1大勺
饼干底
全麦饼干……70g
黄油（无盐）……40g

事前准备
● 将全麦饼干放入塑料袋中，用擀面杖等敲碎（参照P.77）。
● 奶油奶酪和黄油室温软化。
● 饼干底用黄油放入耐热容器内用微波炉（600W）加热约20秒。
● 烤箱200℃预热。
● 鸡蛋和蛋黄混合搅散。

做法
1 碗中放入饼干底的材料充分混合后，倒入模具中用手压平。
2 碗中放入奶油奶酪和黄油搅打至顺滑，加入细砂糖搅拌。
3 加入酸味奶油搅拌。
4 分3次加入鸡蛋充分搅拌。
5 加入柠檬汁和低筋面粉充分搅拌。
6 将5倒在1上，放入200℃的烤箱内烘烤40分钟。

Tiramisu

提拉米苏

意大利最常见的甜品。只要将材料混合重叠放置再冷却即可使用，完全不用烤的人气点心。

材料（20cm方形模具1个份）

马斯卡彭奶酪……250g
蛋黄……2个
淡奶油……350g
细砂糖……50g
手指饼干……20根

酱汁
浓咖啡……100mL
细砂糖……20g
装饰用
可可粉……适量

事前准备
● 将酱汁的材料混合。

做法

1 碗中放入马斯卡彭奶酪，搅打至奶油状。

2 逐个加入蛋黄，搅拌至顺滑。

3 另一个碗中放入淡奶油和细砂糖，打至七分发（参照P.5）。

4 分2次将3加入2中搅拌。

5 容器底部摆放一半量的手指饼干，用刷子涂抹酱汁。将一半量的4倒入其中铺平，再放入剩余的饼干涂抹酱汁，最后倒入剩余的奶油抹平，放入冰箱内冷藏2小时以上。

6 食用前用滤网将可可粉撒在上面即可。

淡奶油

手指饼干

浓咖啡

马斯卡彭奶酪

细砂糖

蛋黄

细砂糖

可可粉

多种酱汁

朗姆酒

材料、做法（20cm方形模具1个份）
在酱汁的材料中加入1大勺朗姆酒混合即可。

马尔萨拉酒

材料、做法（20cm方形模具1个份）
在酱汁的材料中加入1大勺马尔萨拉酒混合即可。

甘那许

材料（易制作的分量）
甜巧克力……100g
淡奶油……50g

巧克力放置室温
软化

1 巧克力中加入淡奶油
将巧克力切碎后放入碗中，分次加入
即将煮沸的淡奶油使其溶化。

轻轻搅拌是关键

2 使用橡胶刮刀搅拌
一边轻轻搅拌使巧克力溶化，一
边保持巧克力里不进入空气。

如果巧克力
很难溶化可
隔水加热

3 搅拌至顺滑
搅拌至巧克力没有颗粒。

巧克力调温

材料（易制作的分量）

巧克力……100g

事前准备

● 巧克力切碎。

所谓巧克力调温

● 通过温度调节，使巧克力中含有的可可油结晶，变回最稳定的状态。巧克力进行调温后，再次冷却凝固时，会呈现更为美丽的光泽和入口即溶的顺滑口感。

1 隔水加热

将巧克力放入碗中，用50～60℃热水隔水加热。

2 提高温度

提高巧克力的温度至50℃（溶解温度），保证巧克力溶化成柔滑的状态（巧克力温度一旦下降，就要更换外部的热水）。

温度难以下降时，可将碗放入冰水中

3 去掉外部热水降温

巧克力的温度达到50℃时撤掉热水，使巧克力的温度降到28℃（下降温度）。

32℃

4 隔水加热提高温度

当巧克力的温度下降到28℃时，再次隔水加热使其升至32℃（调整温度）。

冷却至用手压也不黏手的状态

5 凝固后巧克力富有光泽即为成功

用刮刀的底部轻压，若巧克力变干且有光泽即为完成。

巧克力调温温度表

种类	溶解温度	下降温度	调整温度
甜巧克力	50～55℃	27～29℃	31～32℃
牛奶巧克力	45～50℃	26～28℃	29～30℃
白巧克力	40～45℃	26～27℃	28～29℃

Gâteau chocolat

巧克力蛋糕

糖粉才是它最好的装饰。巧克力香味浓厚诱人的甜品。

材料（直径18cm的圆形模具1个份）
甜巧克力……100g
低筋面粉……40g
可可粉……60g
黄油（无盐）……80g
A 蛋黄……4个
　细砂糖……40g
　淡奶油……85g
B 蛋白……3个份
　细砂糖……40g

事前准备
- 巧克力切碎。
- 低筋面粉和可可粉混合后过筛。
- 模具底部铺一张烘焙纸。
- 烤箱180℃预热。

做法
1 碗中放入巧克力和黄油，隔水加热溶化。
2 另一个碗中放入A的蛋黄搅散，再加入细砂糖和淡奶油搅打至奶油状。
3 将1加入2中混合搅拌。
4 加入粉类混合搅拌。
5 另一个碗中放入B的蛋白，再加入细砂糖制作蛋白霜（参照P.5）
6 分2次将5加入4中切拌。
7 将面糊倒入模具中，放入180℃的烤箱中烘烤40分钟左右，放凉后用筛子将糖粉（材料表外）撒在上面即可。

 多种奶油

红茶奶油

材料（易制作的分量）
淡奶油……200g
细砂糖……20g
红茶粉……2小勺

做法
将材料放入碗中打至八分发即可。

柠檬奶油

材料（易制作的分量）
淡奶油……200g
蜂蜜……25g
柠檬皮……1/2个

做法
碗中放入淡奶油和蜂蜜打至八分发。
再加入磨碎的柠檬皮搅拌即可。

Sachertorte

萨赫蛋糕

不论是蛋糕主体还是装饰都用巧克力。黄杏酱的酸味可以恰到好处地中和巧克力过于甜腻的口味。喜欢蛋糕的您一定不能错过！

甜巧克力

鸡蛋

甜巧克力

黄杏酱

细砂糖　　细砂糖　　　　细砂糖

低筋面粉　　黄油　　　　水　　　　水

材料（直径18cm的圆形模具1个份）
面糊
低筋面粉……80g
甜巧克力……80g
黄油（无盐）……80g
蛋黄……4个
细砂糖……50g
蛋白……4个份
细砂糖……50g
果酱
黄杏酱……200g
水……15mL
巧克力糖衣
甜巧克力……100g
细砂糖……120g
水……50mL

事前准备
● 低筋面粉混合后过筛。
● 巧克力切碎。
● 模具底部铺一张烘焙纸。
● 烤箱180℃预热。

做法
1　碗中放入巧克力和黄油，隔水加热溶化。
2　碗中放入蛋黄搅散，再加入细砂糖搅打至有黏性。
3　将1加入2中混合搅拌，再加入低筋面粉搅拌至看不见粉类。
4　另一个碗中放入蛋白，加入细砂糖制作蛋白霜（参照P.5）
5　分2次将4加入3中搅拌均匀，倒入模具中放入180℃的烤箱中烘烤20～25分钟。
6　锅中放入果酱的材料加热，煮至略微黏稠。
7　制作巧克力糖衣。锅中放入水和细砂糖加热，细砂糖溶化后关火，加入巧克力搅拌。
8　将烤好的蛋糕切一半厚度，中间涂抹6摆回原形，再将7从上方画圈式倒下，注意侧面也要淋上巧克力酱，最后放入冰箱冷藏。

Truffe

德菲丝

柔滑的口感让您爱不释口，宛如洋酒一般成熟的味道。可用可可或坚果做装饰。

多种甘那许

朗姆酒

白兰地

甜巧克力

可可粉

坚果

淡奶油

糖粉

材料、做法
（15个份）
参照德菲丝的做法，在2中将白兰地替换成1/2小勺朗姆酒即可。

咖啡甜酒

材料、做法
（15个份）
参照德菲丝的做法，在2中将白兰地替换成1/2小勺咖啡甜酒即可。

黑加仑甜酒

材料、做法（15个份）
参照德菲丝的做法，在2中将白兰地替换成1/2小勺黑加仑甜酒即可。

材料（15个份）
甜巧克力 ……150g
淡奶油……50g
白兰地等……1/2小勺
顶部装饰
可可粉、糖粉、坚果等……各适量

事前准备
● 巧克力切碎。

做法
1 锅中放入淡奶油加热，即将煮沸时关火。
2 碗中放入巧克力，加入1溶化搅拌（参照P.86），再加入白兰地。
3 放入冰箱冷藏凝固后，用手揉圆，撒上喜欢的装饰。

Raw chocolate

生巧克力

巧克力无需调温也可制作的甜品，
最适合初学者学做，可谓入门级的
巧克力甜品。

材料（11cm×14cm的容器1个份）
甜巧克力……100g
淡奶油……50g
黄油（无盐）……15g
可可粉……适量

事前准备
● 巧克力切碎。
● 容器内铺一张烘焙纸。

做法
1 锅中放入淡奶油加热，
　即将煮沸时关火。
2 碗中放入巧克力，再加
　入1搅拌均匀（参照
　P.68）。
3 加入黄油混合搅拌。
4 将3倒入容器内，放入
　冰箱冷藏2个小时使其
　凝固。
5 切成一口大小，将可可
　粉放入广口糖粉筛中依
　次撒满巧克力。

淡奶油

甜巧克力

可可粉

黄油

多种顶部装饰

糖粉

材料、做法
将可可粉替换成适量的糖
粉即可。

材料、做法
将可可粉替换成适量的肉桂糖即可。

肉桂糖

杏仁片

材料、做法
将可可粉替换成适量切碎的杏
仁片即可。

Chocolate dacquoise

巧克力
达克瓦兹

只要做好蛋白霜，这款甜品已经可以说是制作完成了。好好享受它松软清甜的口味吧！

多种面糊

可可面糊

杏仁粉

糖粉

甜巧克力

朗姆酒

细砂糖

淡奶油

蛋白

材料
（16个份）
蛋白……2个份
可可粉……25g
糖粉……30g
低筋面粉……12g
细砂糖……20g

事前准备
● 可可粉、糖粉和低筋面粉混合后过筛。

做法
参照巧克力达克瓦兹的做法，在2中将杏仁粉和糖粉替换成事前准备好的混合粉，分2次加入搅拌即可。

材料（16个份）
面糊
杏仁粉……50g
糖粉……40g
蛋白……2个份
细砂糖……20g
巧克力奶油
甜巧克力……50g
淡奶油……15mL
朗姆酒……1/2小勺

事前准备
● 巧克力切碎。
● 杏仁粉和糖粉混合后过筛。
● 裱花袋搭配直径1cm的圆形裱花嘴。
● 烤盘铺一张烘焙纸。
● 烤箱180℃预热。

做法
1 碗中放入蛋白，一边加入细砂糖一边搅拌制作蛋白霜（参照P.5）。
2 分2次加入杏仁粉和糖粉，用橡胶刮刀轻轻搅拌，防止蛋白霜消泡。
3 将2放入裱花袋中，挤出直径1.5cm的圆形面糊，再在上面撒糖粉（材料表外），放入180℃的烤箱内烘烤12～13分钟，烤至表面薄脆。
4 碗中放入巧克力后隔水加热溶化，再加入淡奶油和朗姆酒快速搅拌。
5 将4夹入3中。

Brownie

布朗尼

咬上一口满满是巧克力浓郁的甜香，再搭配坚果的爽脆口感，堪称一绝！

材料（20cm×20cm的方形模具1个份）

甜巧克力……120g　　鸡蛋……2个
核桃……60g　　　　细砂糖……100g
黄油（无盐）　　　　低筋面粉……80g
……90g　　　　　　发酵粉……1/2小勺

事前准备
● 巧克力切碎。
● 低筋面粉和发酵粉混合后过筛。
● 模具内铺一张烘焙纸。
● 烤箱180℃预热。
● 核桃放入烤盘内烘烤后用手弄碎。

做法
1 碗中放入巧克力和黄油，隔水加热溶化。
2 另一个碗中放入鸡蛋搅散，再分2次加入细砂糖，搅打至有黏性。
3 把1加入2中混合搅拌，再放入粉类搅拌至看不见面粉。
4 加入核桃搅拌后，倒入模具中抹平表面，放入180℃的烤箱内烘烤20分钟左右。

核桃

甜巧克力

细砂糖

低筋面粉

黄油

鸡蛋

发酵粉

多种材料

棉花糖

材料、做法（20cm×20cm的方形模具1个份）
参照布朗尼的做法，在4中将核桃替换成30g棉花糖即可。

材料、做法
（20cm×20cm的方形模具1个份）
参照布朗尼的做法，在4中不放入核桃，直接将面糊倒入模具内，再将50g奶油奶酪、25g糖粉和1/2小勺朗姆酒搅打顺滑后四处滴落在面糊表面，轻轻搅拌出大理石纹即可。

奶油奶酪

黑莓

材料、做法（20cm×20cm的方形模具1个份）
参照布朗尼的做法，在4中将核桃替换成60g黑莓即可。

Fondant chocolat

熔岩蛋糕

所谓熔岩（fondant）即是溶化的意思。如名所示，此款蛋糕就是说溶化的巧克力可从中流出。

多种材料

黄油

细砂糖

甜巧克力

低筋面粉

鸡蛋

覆盆子

材料、做法
参照熔岩蛋糕的做法，在4中面糊倒入模具后加入适量覆盆子即可。

樱桃白兰地浸泡过的樱桃

材料、做法
参照熔岩蛋糕的做法，在4中面糊倒入模具后加入适量樱桃即可。

橘子皮

材料、做法
参照熔岩蛋糕的做法，在4中面糊倒入模具后加入适量橘子皮即可。

材料（直径6cm的锡箔杯4个份）
甜巧克力……60g
低筋面粉……20g
黄油（无盐）……60g
鸡蛋……2个
细砂糖……35g

事前准备
• 巧克力切碎。
• 低筋面粉过筛。
• 烤箱190℃预热。

做法
1 碗中放入巧克力和黄油，隔水加热溶化。
2 另一个碗中搅散鸡蛋，再加入细砂糖搅打至提起搅拌器后蛋液呈丝带状滴落的状态。
3 分2次将1加入2中搅拌，再加入低筋面粉切拌。
4 倒入模具中，放入冰箱内冷藏1小时左右，再放入190℃烤箱中烘烤8～10分钟。

Chocolate mousse

巧克力慕斯

利用蛋白霜让慕丝入口即溶。

材料（4人份）
甜巧克力……80g
鸡蛋……2个
黄油（无盐）……40g
细砂糖……20g
淡奶油……100g

事前准备
● 巧克力切碎。
● 将鸡蛋的蛋白蛋黄分离。

做法
1 碗中放入巧克力和黄油，隔水加热溶化。
2 分2次加入蛋黄搅拌。
3 另一个碗中加入蛋白和细砂糖制作蛋白霜（参照P.5）。
4 将3加入2中轻轻混合搅拌。
5 将淡奶油打至七分发，与4混合后倒入模具内，放入冰箱冷藏凝固。

淡奶油

甜巧克力

鸡蛋

黄油

细砂糖

多种顶部装饰

材料（易制作的分量）
A 黑樱桃罐头的糖汁……1杯
　柠檬汁……1大勺
　玉米淀粉……1大勺
朗姆酒……1大勺
顶部装饰
覆盆子……适量

做法
锅中放入A混合加热至沸腾，糖汁变黏稠后关火，加入朗姆酒混合即可。

黑樱桃酱&覆盆子

蜂蜜柠檬奶油&柠檬皮

材料（易制作的分量）
A 淡奶油……200g
　蜂蜜……20g
柠檬皮……1/2个
顶部装饰
柠檬皮……适量

做法
碗中放入A打至八分发，再加入磨碎的柠檬皮混合即可。

材料（易制作的分量）
淡奶油……200g
细砂糖……15g
香草豆……少许
顶部装饰
草莓……适量

做法
碗中放入A打至八分发即可。

香草奶油&草莓

Mendiant

四果巧克力

以巧克力为圆盘点缀盛放坚果与水果的点心。做何装饰全凭喜好。

材料（12个份）
白巧克力……120g
甜巧克力……120g
夏威夷坚果、杏仁、橘子皮、无花果干……各适量

事前准备
● 巧克力切碎。

做法
1 两种巧克力分别调温制作（参照P.87）。
2 将1倒在烘焙纸上做成圆形，量约为1大勺，趁巧克力还未凝固时将坚果点缀在上面。

甜巧克力

白巧克力

无花果干

杏仁

夏威夷坚果

橘子皮

多种顶部装饰

做法
将喜欢的材料撒在圆盘巧克力上即可。

开心果　　葡萄干　　柠檬皮

核桃

杏仁片　　银珠糖　　蔓越莓

腰果

Chocolat coaud

热巧克力

只要加入巧克力，就能让司空见惯的热牛奶变得不同。一个锅即可搞定的简单甜品。

多种顶部装饰

椰蓉

材料
椰蓉……适量

做法
将棉花糖替换成椰蓉即可。

可可

材料
可可粉……适量

做法
将棉花糖替换成可可粉即可。

材料
肉桂……适量　　**肉桂**

做法
将棉花糖替换成肉桂即可。

牛奶

甜巧克力

棉花糖

材料（2人份）
甜巧克力……50g
牛奶……300mL
棉花糖……适量

事前准备
● 巧克力切碎。

做法
1 锅中放入巧克力和牛奶，中火加热，将巧克力煮化。
2 将巧克力牛奶倒入杯中，点缀棉花糖。

Dried fruit chocolate

水果干巧克力

只需将水果浸入溶化的巧克力中，
即可简单制作完成的多彩甜品。

材料
橘子皮……适量
甜巧克力……100g

事前准备
● 巧克力切碎。

做法
1 巧克力调温处理（参照P.87）。
2 将橘子皮蘸裹巧克力。

甜巧克力　　　　　　　橘子皮

多种材料

做法
将喜欢的材
料蘸裹巧克
力即可。

香蕉片

猕猴桃干

杏仁

无花果干

菠萝干

芒果干

Chocolate bar

巧克力脆片

坚果、谷物类、水果干……无需费心考虑食材的搭配，只要喜欢就可以混合进去。

多种顶部装饰

做法
将喜欢的材料加入巧克力中即可。

混合莓

混合坚果

全麦饼干

甜巧克力

谷物类　　　　　　　　　蔓越莓干

材料
甜巧克力……100g
蔓越莓干……40g
谷物类……40g

事前准备
● 方形平底盘上铺一张烘焙纸。
● 巧克力和蔓越莓干分别切碎。

做法
1 将巧克力放入耐热容器内，用微波炉（600W）加热约1分钟。
2 加入蔓越莓干和谷物类充分搅拌。
3 倒入方形平底盘中抹平表面，放入冰箱内冷藏凝固后切块。

香草冰激凌

材料（4人份）
蛋黄……2个
细砂糖……40g
香草精……少许

牛奶……200mL
淡奶油……100g

← 详细步骤参照P.102

1 加入蛋黄、香草精和细砂糖混合

碗中放入蛋黄和香草精搅散，再加入细砂糖搅打至有黏性。

↓

2 加入牛奶

分次加入即将煮沸的牛奶。

↓

3 搅拌

搅拌至液体顺滑。

4 过滤3

使用滤网过滤3后倒入锅中，用小火加热至液体略黏稠后关火冷却。

↓

打发至前端
出现三角形

5 打发淡奶油

另一个碗中放入淡奶油，打至八分发。

↓

6 将5加入4中

分2次将5加入4中搅拌。

7 倒入模具中冷却
将液体倒入模具中，放入冰箱内冷冻1小时左右。

↓

8 凝固后取出搅拌
凝固后从冰箱内取出，用叉子搅拌整体。

↓

9 放置1小时后再搅拌
放置1小时后重复3～4次步骤8。

在香草豆最粗壮的位置切开

1 纵向切开豆荚
将切断的豆荚纵向切开。

↓

2 取出种子
用刀背取出种子。

101

Vanilla ice

香草冰激凌

清甜柔和的口味让它跻身最受欢迎的冰激凌之列。仔细搅拌是让它口感绝佳的秘诀。

材料（4人份）
蛋黄……2个
细砂糖……40g
牛奶……200mL
淡奶油……100g
香草精……少许

做法（参照P.100）
1. 碗中放入蛋黄和香草精搅散，再加入细砂糖搅打至有黏性。
2. 锅中放入牛奶加热，再分次加入1中搅拌。
3. 使用滤网过滤后倒入锅中，用小火加热至液体略黏稠后关火冷却。
4. 淡奶油打至八分发。
5. 3冷却后与4混合，倒入容器中放入冰箱内冷冻1小时后，用勺子搅拌（重复3或4次）。

牛奶

淡奶油

细砂糖

蛋黄

香草精

多种材料

材料
酸味奶油……适量
朗姆酒葡萄干……适量

做法
将酸味奶油和朗姆酒葡萄干放入香草冰激凌中混合搅拌即可。

酸味奶油&朗姆酒葡萄干

材料
腰果……适量
橘子皮……适量

做法
将腰果和橘子皮放入香草冰激凌中混合搅拌即可。

腰果&橘子皮

材料
棉花糖……适量
奥利奥等夹心饼干……适量

做法
将碾碎的曲奇和棉花糖放入香草冰激凌中混合搅拌即可。

棉花糖&曲奇

Frozen yogurt

冻酸奶

富有酸奶独特清爽酸味的甜品。制作简单也是让它大受欢迎的原因。

多种顶部装饰

蓝莓酱

材料、做法
将冻酸奶盛入容器内，撒适量蓝莓酱即可。

菠萝干&猕猴桃干

材料、做法
将冻酸奶盛入容器内，撒适量菠萝干和猕猴桃干即可。

蜂蜜&核桃

材料、做法
将冻酸奶盛入容器内，撒适量蜂蜜与核桃即可。

材料（4人份）
原味酸奶……200g
蜂蜜……60g
淡奶油……100g

柠檬汁……1小勺
覆盆子……适量

做法
1 碗中放入除覆盆子以外的所有材料并混合搅拌，连同碗放入冰箱内冷冻凝固。
2 冷冻1～2小时后，用叉子搅拌，防止里面有空气（重复2或3次）。
3 将冰激凌盛入容器内，用覆盆子点缀。

Gelato

杰拉朵

使用大量的新鲜草莓制作而成的奢侈甜品。清爽的水果酸味让人回味无穷。

多种口味

淡奶油

草莓

细砂糖

柠檬汁

黄桃

材料
黄桃（罐头）……2块
牛奶……60mL
细砂糖……30g

做法
1 黄桃放入冰箱内冷冻。
2 加入牛奶和细砂糖后放入搅拌机内搅拌，倒入容器中放入冰箱内冷冻凝固。

香蕉酸奶

材料
香蕉……2根
原味酸奶……100g
牛奶……100mL
细砂糖……30g

做法
1 香蕉切成一口大小，冷冻。
2 加入酸奶、牛奶和细砂糖后放入搅拌机内搅拌，倒入容器内放入冰箱里冷冻凝固。

材料（6人份）
草莓……300g
淡奶油……100g
细砂糖……50g
柠檬汁……1大勺

做法
1 草莓碾碎成果酱状。
2 淡奶油、细砂糖和柠檬汁混合后放入容器中。
3 放入冰箱冷冻1小时左右，用勺子搅拌（重复3次左右）。

Sherbet

果子露

使用果汁加细砂糖即可轻松制作完成。最适合夏季饮用。

材料（4人份）
柠檬汁⋯⋯200mL
细砂糖⋯⋯50g

做法
1 将材料放入容器中混合，放入冰箱冷冻凝固。
2 放置1~2小时后用叉子搅拌（重复3次左右）。

柠檬汁

细砂糖

多种口味

哈密瓜

材料（4人份）
哈密瓜⋯⋯300g
细砂糖⋯⋯80g
樱桃白兰地⋯⋯1大勺

做法
1 哈密瓜去皮去籽，切成3~4cm的块。
2 碗中放入哈密瓜、细砂糖和樱桃白兰地，放入冰箱内冷藏1天。
3 将冻硬的哈密瓜放入搅拌机内打成含有空气的稠糊状。
4 倒入容器内，放入冰箱内冷冻3~4小时。

桃子汁

材料、做法（4人份）
参照果子露的做法，
在1中将柠檬汁替换成
200mL桃子汁即可。

Frozen fruit bar

水果冰棒

色彩艳丽，种类丰富的水果冰棒，不仅外观华丽，味道也让人惊艳。

材料（6根份）
果汁……300g
喜欢的水果……120g
糖汁（易制作的分量）
细砂糖……50g
水……35mL

事前准备
• 糖汁的材料加热煮沸后放凉。
• 用一半量的糖汁浸泡水果一整晚。

做法
1 将果汁与糖汁（2大勺）混合。
2 倒入模具中，将水果贴在模具的侧面，放入冰箱内冷冻6～8小时。

果汁

喜欢的水果

细砂糖

水

多种口味

姜汁清凉饮料&
菠萝、猕猴桃、柠檬

材料（易制作的分量）
姜汁清凉饮料……300g
菠萝、猕猴桃、柠檬……120g

做法
将喜欢的水果和果汁替换成姜汁清凉饮料、菠萝、猕猴桃和柠檬即可。

材料（易制作的分量）
针叶樱桃果汁……300g
草莓、蔓越莓……120g

做法
将喜欢的水果和果汁替换成针叶樱桃果汁、草莓和蔓越莓即可。

针叶樱桃果汁&
草莓、蔓越莓

橙汁&橘子、西柚

材料（易制作的分量）
橙汁……300g
橘子、西柚……120g

做法
将喜欢的水果和果汁替换成橙汁、橘子和西柚即可。

Parfait

芭菲

冰激凌、曲奇和水果的自由组合盛宴。简单即可制作完成的华丽甜品。

材料（易制作的分量）
黑豆……适量
黄桃（罐头）……适量
抹茶冰激凌……适量
红豆馅……适量
谷物类……适量

做法
将材料与冰激凌分层交替装入玻璃杯中即可。

草莓芭菲

抹茶芭菲

材料（易制作的分量）
顶部装饰
巧克力酱汁……适量
草莓……适量
草莓冰激凌……适量
巧克力碎曲奇……适量
香草奶油
淡奶油……200g
细砂糖……15g
香草豆……少许

做法
1 碗中放入香草奶油的材料，打至八分发制作成香草奶油。
2 将材料与奶油分层交替装入玻璃杯中即可。

吉利丁粉的使用方法

吉利丁的特征

原材料采用动物性蛋白质，因此遇冷凝固。吉利丁片的透明感与保水性更佳，制作出来的甜品更为美观；吉利丁粉制作的甜品颜色透明中略带黄色，口感弹牙却又能慢慢溶于口中。

1 准备吉利丁粉与水
水的用量是吉利丁粉的3倍。

2 将吉利丁粉倒入水中
务必是将吉利丁粉倒入水中。若顺序颠倒，将水加入吉利丁粉中，会导致吉利丁粉结块。

即使将容器倒过来也不会掉落

3 变成胶状
变成有弹性的胶状即可使用。

基础做法

吉利丁片的使用方法

1 泡水
将吉利丁片泡水。

↓

不可浸泡过度

2 10分钟左右即可变软
一旦变软即可沥干水分使用。

琼脂的使用方法

琼脂的特征
将石花菜等红藻类煮化凝固后，冷冻干燥得到的产物。含有丰富的食物纤维且不含卡路里。加热即可溶化，温度低于40℃便可重新凝固。颜色呈白浊色，口感顺滑，非常适合制作日式甜品。

1 将琼脂棒放入水中
将琼脂棒放入水中泡软。

↓

挤干水分

2 变软后挤干水分
琼脂变软后，用手挤干水分即可使用。

Jelly

果冻

利用吉利丁冷却凝固制作而成的凉爽甜品。Q弹透明的样子沁人心脾。

材料（350mL 4个份）

果冻液
吉利丁片……5g
桃子汁……300mL
柠檬汁……2小勺

糖汁
蜂蜜……4大勺
柠檬汁……1/2个
君度橙酒
等橙子利口酒……1小勺

事前准备
- 吉利丁片放入水（材料表外）中泡软（参照P.109）。
- 糖汁的材料混合。

做法
1 锅中放入果汁和柠檬汁加热，即将煮沸时关火。
2 关火后将挤干水分的吉利丁片放入其中。
3 放凉后倒入模具中，放入冰箱冷藏凝固。盛入容器内淋上糖汁。

桃子汁

君度橙酒

蜂蜜

吉利丁片   柠檬汁   柠檬汁

📛 **多种口味**

红酒

材料（4人份）

A 细砂糖……4大勺
　水……300mL
B 吉利丁粉……10g
　水……4大勺
C 红酒……200mL
　柠檬汁……2小勺

事前准备
- 吉利粉片放入水中溶化（参照P.108）。

做法
1 锅中放入A煮化。关火后加入B，搅拌溶化后加入C。
2 放凉后倒入模具中，放入冰箱冷藏2小时使其凝固。

橙子

材料（4人份）

橙子……2个
细砂糖……1大勺
A 金万利等橙子利口酒……1小勺
　柠檬汁……1小勺
吉利丁粉……5g
水……2大勺

做法
1 将浸泡的吉利丁放入耐热容器中，用微波炉（600W）加热20秒。
2 将100mL果汁与剥散的橙子混合成250mL的果粒果汁后，与1混合搅拌。
3 一边用冰水冷却，一边用橡胶刮刀搅拌。直至液体变黏稠，保持果粒不沉淀倒入模具内，再放入冰箱内冷冻1小时左右使其凝固。

事前准备
- 吉利丁粉放入水中溶化（参照P.108）。
- 一个橙子榨取100mL的果汁，加入细砂糖搅拌。另一个橙子去外皮和内里薄皮，剥散后放入碗中，加入A。

Mousse

慕丝

法语中是泡泡的意思。淡奶油与蛋白霜打造的口感轻盈柔软的甜品，给予舌头至高无上的享受。

材料（4人份）
牛奶……100mL	水……2大勺
抹茶……1大勺	淡奶油……150g
热水……2大勺	蛋白……2个份
吉利丁粉……5g	细砂糖……30g

多种口味

酸奶慕丝

材料（4个份）
A 原味酸奶……400g
　细砂糖……30g
　柠檬皮……1个
吉利丁粉……5g
水……2大勺
淡奶油……100g

事前准备
● 吉利丁粉放入水中溶化（参照P.108）。
● 淡奶油用冰水冷却，打至七分发。
● 柠檬皮磨碎。

做法
1 碗中放入A搅拌均匀。
2 从1中取1勺的量放入另一个碗中，隔水加热。
3 加入浸泡好的吉利丁搅拌均匀。
4 将一半量的3加入1中搅拌，搅拌至顺滑后再放入剩余的3充分搅拌，最后加入淡奶油充分搅拌。
5 倒入模具中放入冰箱冷藏2小时左右使其凝固。

事前准备
● 吉利丁粉放入水中溶化（参照P.108）。
● 抹茶用热水冲开。

做法
1 锅中放入牛奶，中火加热至即将煮沸。
2 关火后放入吉利丁溶化，再加入抹茶搅拌，底部用冰水降温的同时用橡胶刮刀搅拌至变黏稠。
3 碗中放入蛋白和细砂糖制作蛋白霜（参照P.5）。
4 淡奶油打至八分发。
5 将4加入2中搅拌，再分2次加入3中搅拌均匀。
6 将5倒入模具中再放入冰箱冷藏凝固，食用时点缀装饰。

Milk Bavarian cream

牛奶巴伐利亚布丁

外表质朴充满牛奶香甜的牛奶巴伐利亚布丁，搭配草莓酱汁味道绝佳。

多种口味

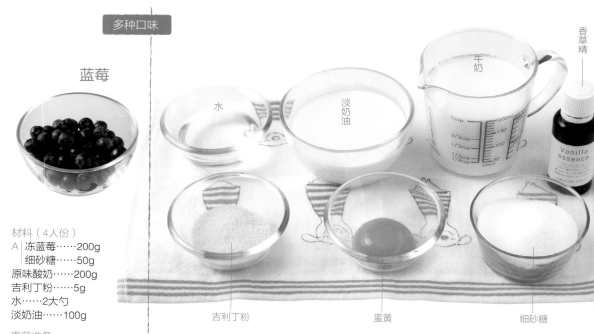

蓝莓

水　　淡奶油　　牛奶　　香草精

吉利丁粉　　蛋黄　　细砂糖

材料（4人份）

A｜冻蓝莓……200g
　｜细砂糖……50g
原味酸奶……200g
吉利丁粉……5g
水……2大勺
淡奶油……100g

事前准备

- 吉利丁粉放入水中溶化（参照P.108）。
- 蓝莓轻轻碾碎。

做法

1 将A放入耐热容器中用微波炉（600W）加热2分钟。
2 加入原味酸奶混合搅拌后加入吉利丁。
3 淡奶油打至七分发。
4 将2放在冰水上，略变黏稠后加入3搅拌。
5 倒入模具中再放入冰箱冷藏凝固。

材料（4人份）

牛奶……200mL
蛋黄……1个
细砂糖……50g
吉利丁粉……5g
水……3大勺
淡奶油……100g
香草精……少许

装饰

草莓……适量
草莓酱……适量

事前准备

- 吉利丁粉放入水中溶化（参照P.108）。

做法

1 碗中放入蛋黄搅散，加入细砂糖充分搅拌。
2 锅中放入牛奶加热，即将煮沸时关火。
3 将2分次加入1中搅拌，过滤后倒回锅中加热至略显黏稠。
4 关火后放入吉利丁溶化，再加入香草精搅拌，底部用冰水降温的同时用橡胶刮刀搅拌至变黏稠。
5 淡奶油打至七分发，分次加入4中混合搅拌。
6 倒入模具中，放入冰箱冷藏凝固。盛入容器内点缀草莓片与草莓酱。

Annin tofu

杏仁豆腐

杏仁与牛奶相融合的美味，多种口味的糖汁又会赋予它新的变化。

材料（4人份）
液体

A	牛奶……300mL		水……2大勺
	炼乳……1大勺		糖汁
	细砂糖……20g		水……50mL
杏仁精……少许			细砂糖……50g
吉利丁粉……5g			

事前准备
● 吉利丁粉放入水中溶化（参照P.108）。
● 糖汁的材料混合。

做法
1 锅中放入A加热，再加入细砂糖溶化后关火。
2 加入吉利粉使其溶化，再加入杏仁精。
3 底部放在冰水中，用橡胶刮刀搅拌至略黏稠。
4 倒入容器内放入冰箱冷藏凝固，食用前淋上糖汁。

多种酱汁

椰子酱汁

材料（易制作的分量）

A	牛奶……200mL
	玉米淀粉……12g
	椰子粉……30g
	细砂糖……50g
椰蓉……适量	

做法
将A倒入锅中加热，用木勺搅拌。煮至略带黏稠后放凉，倒在杏仁豆腐上，并撒上椰蓉。

材料（易制作的分量）
黄桃（罐头）……3块
细砂糖……30g
桃子利口酒……1小勺

做法
将2块黄桃和其他材料放入搅拌器内打至糊状，再将剩余的黄桃切成7mm大的块，倒入其中即可。

黄桃酱汁

芒果酱汁

材料（易制作的分量）

A	芒果……100mL
	细砂糖……50g
	柠檬汁……1/2个份
	玉米淀粉……1小勺
君度橙酒等橙子利口酒……1大勺	

做法
1 将A倒入锅中加热并搅拌。
2 即将煮沸后关火，加入橙子利口酒，放凉。

Panna cotta

意式奶冻

Panna的含义是指淡奶油，而cotta则是指加热。
这款可是意大利非常流行的甜品。

材料（4～6人份）
牛奶……300mL　　　　　吉利丁粉……8g
淡奶油……200g　　　　　水……50mL
细砂糖……50g　　　　　朗姆酒……1大勺

事前准备
● 吉利丁粉放入水中溶化（参照P.108）。

做法
1 锅中放入牛奶、淡奶油和细砂糖加热，细砂糖溶化后关火。
2 加入吉利丁使其溶化。
3 底部放在冰水中。用橡胶刮刀搅拌至略黏稠，加入朗姆酒。
4 倒入容器内放入冰箱冷藏凝固。

多种口味

黄桃酱汁

材料（易制作的分量）
黄桃（罐头）……3块
细砂糖……30g
桃子利口酒……1小勺

做法
将2块黄桃和其他材料放入搅拌器
内打至糊状，再将剩余的黄桃切
成7mm大的块，倒入其中即可。

卡仕达酱

材料（易制作的分量）
A 牛奶……200mL
　蛋黄……2个
　细砂糖……60g
香草豆……1/2根

做法
1 碗中放入A，加入香草豆中黑色的种
　子（参照P.101），充分搅拌后放入
　锅中。
2 小火加热，用木勺搅拌。搅拌至黏
　稠的糊状后倒入碗中，底部放在冰
　水中搅拌冷却。

草莓酱汁

材料（易制作的分量）
草莓……100g
A 细砂糖……50g
　白兰地……1小勺

做法
草莓洗净后去蒂，与A一起放
入搅拌器内搅打至顺滑即可。

和菓子

红豆馅

材料（约1000g）
红豆……300g
水……800mL

上白糖……200～250g
盐……1小撮

1 红豆浸泡一晚
红豆用流水洗净后放入碗中，用水浸泡一整晚。
↓

4 加入上白糖
红豆煮软后加入上白糖。
↓

2 浸泡一晚的红豆
沥干浸泡红豆的水。
↓

5 不断搅拌防止煮焦
为防止煮焦需要用木勺不停地搅拌，最后加入盐。

不停搅拌
↓

水不足时加水

3 煮红豆
锅中放入水和红豆加热，煮沸后改小火。

6 保存
倒入容器内，放入冰箱保存。

基础做法

栗子蒸羊羹

材料（11cm×14cm×4.5cm的玉子豆腐器1个份）

甜煮栗子……180g　　热水……60mL
豆沙馅……300g
低筋面粉……30g　　事前准备
太白粉……10g　　• 模具内铺一张烘焙纸。
上白糖……30g　　• 低筋面粉过筛。
盐……1小撮　　　• 蒸锅的热水烧开。

← 详细步骤参照P.120

烘焙纸的切法

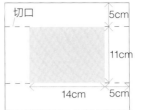

切口　　5cm

11cm

14cm　5cm

使用模具的尺寸

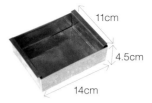

11cm

4.5cm

14cm

1 准备模具
将烘焙纸剪得跟模具一样大小，铺好。
↓

粉类 搅拌至看不见

4 加入太白粉和盐
加入太白粉和盐，继续搅拌。
↓

7 加入栗子搅拌
加入一半量的栗子，用刮刀继续搅拌。
↓

切拌均匀

2 豆沙馅加上白糖
豆沙馅中加入上白糖，用橡胶刮刀切拌。
↓

5 加入热水湿润面团
分数次加入热水，充分搅拌。
↓

8 倒入模具中，上面摆放栗子
将豆沙倒入模具中，表面抹平后摆放剩余的栗子。
↓

3 加入低筋面粉
加入低筋面粉，搅拌至看不见面粉。

光泽 搅拌至有

6 让豆沙变柔软
搅拌至提起刮刀后，豆沙大面积缓缓滑落的程度。

9 蒸
放入冒蒸汽的蒸锅中蒸30～40分钟。

练切

材料（10个份）
白豆馅……200g
求肥……20g
抹茶……适量
食用红色素……适量

求肥（易制作的分量）
糯米粉……50g
水……100mL
上白糖……10g

← 详细步骤参照P.122

1 糯米粉内一点点加水化开

耐热碗内放入糯米粉，一边加水一边搅拌溶化。

↓

4 放入方形平底盘中

将面团放入撒满太白粉的方形平底盘中放凉，即可完成求肥的制作。

↓

2 加入上白糖

加入上白糖搅拌，不包保鲜膜用微波炉（600W）加热1～2分钟，充分搅拌。

↓

5 搅拌白豆馅

另一个耐热容器中放入白豆馅，用微波炉加热2分钟左右，去除水分。再分次将求肥加入其中搅拌。

↓

3 搅拌至顺滑

用微波炉加热1分钟后继续搅拌，再次加热1～2分钟，搅拌至透明且黏稠的状态。

6 搅拌至顺滑

将碗中的面团搅拌至略有延展性。

用水将食用红
色素稀释

7 蘸取食用红色素

用水将食用红色素化开后，用小块面团蘸取，揉捏
至颜色均匀。

↓

8 加入剩余的面团继续搅拌

加入剩余的面团，将整体揉捏得颜色均匀。

↓

抹茶粉直接使用

9 蘸取抹茶

用少量的面团直接蘸取抹茶粉，跟制作食用红色素
面团一样，揉捏至颜色均匀。

将面团压圆更
易包裹

10 将2种颜色的面团摆在布上

将2种颜色的面团摆在挤干水的厚实布上。

↓

11 用布包裹面团

将面团包起来，像挤茶巾一样收紧。

↓

12 塑形

调整形状。

Kuri yokan

栗子蒸羊羹

表里都有丰富的栗子，口感绝佳。

材料（11cm×14cm×4.5cm的玉子豆腐器1个份）
低筋面粉……30g
豆沙馅……300g
上白糖……30g
太白粉……10g
盐……1小撮
热水……60mL
甜煮栗子……180g

事前准备
- 模具内铺一张烘焙纸。
- 低筋面粉过筛。
- 蒸锅的热水烧开。

多种材料

无花果干&核桃

低筋面粉

红豆馅

甜煮栗子

上白糖

太白粉

盐

材料
（11cm×14cm×4.5cm
的玉子豆腐器1个份）
A 豆沙馅……250g
　低筋面粉……20g
　太白粉……1/2大勺
B 上白糖……30g
　盐……1小撮
热水……60mL
无花果干……10个
核桃……50g

事前准备
- 模具内铺一张烘焙纸。
- 低筋面粉过筛。
- 蒸锅的热水烧开。
- 无花果切碎。
- 核桃切碎。

做法
1 碗中放入A搅拌。
2 加入B搅拌，再分次加入热水。
3 加入无花果和核桃搅拌，倒入模具中抹平表面。
4 放入冒蒸汽的蒸锅中蒸30分钟左右。

做法（参照P.117）
1 碗中放入豆沙馅和上白糖，充分搅拌。
2 加入低筋面粉、太白粉和盐搅拌。
3 有黏性后分次加入热水搅拌。
4 搅拌至提起刮刀后，豆沙大面积缓缓滑落的程度，加入一半量的栗子。
5 将4倒入模具中抹平表面，摆放剩余的栗子。
6 放入冒蒸汽的蒸锅中蒸30～40分钟。

Mizu yokan

水羊羹

入口时水润柔软的口感让人陶醉。

材料（11cm×14cm×4.5cm的玉子豆腐器1个份）
琼脂棒……1/2根
水……300mL
上白糖……20g
豆沙馅……200g
盐……1小撮

事前准备
● 琼脂棒泡水变软（参照P.109）。
● 玉子豆腐器用水浸湿。

做法
1 锅中放入控干水分掰碎的琼脂和水，加热，直至琼脂溶化。
2 琼脂溶化后加入上白糖和豆沙馅搅拌，加盐后关火。
3 将豆沙倒入模具内，散热放凉后放入冰箱里冷藏凝固。

豆沙馅

水

上白糖

琼脂棒

盐

多种口味

材料（11cm×14cm×4.5cm
的玉子豆腐器1个份）
A 水……300mL
   琼脂棒……1/2根
B 蜂蜜……120g
   豆沙馅……200g
盐……少许

蜂蜜

做法
参照水羊羹的做法，在2中加入B，混合后放盐、关火。倒入模具内散热放凉后，放入冰箱里冷藏凝固。

材料（11cm×14cm×4.5cm
的玉子豆腐器1个份）
A 水……300mL
   琼脂粉……4g
上白糖……30g
白豆馅……250g
抹茶……2g
水……1小勺

抹茶

做法
1 锅中放入A加热，煮沸且琼脂溶化后加入上白糖，再分次加入白豆馅，充分搅拌后关火。
2 加入用水冲开的抹茶搅拌，倒入模具内散热放凉后，放入冰箱里冷藏凝固。

Nerikiri

练切

清淡的颜色与可爱的造型打造出入口即溶的爽口甜品。

材料（10个份）
白豆馅……200g
求肥……20g
抹茶……适量
食用红色素……适量
求肥（易制作的分量）
糯米粉……50g
水……100mL
上白糖……10g

做法（参照P.118）

求肥
1 耐热碗内放入糯米粉，一边加水一边搅拌溶化至没有黏块。
2 上白糖搅拌。
3 不包保鲜膜，用微波炉（600W）加热1～2分钟，充分搅拌。再用微波炉加热1分钟后继续搅拌，最后视情况再加热1～2分钟。搅拌至透明且黏稠的状态。
4 耐热容器中放入白豆馅，用微波炉加热2分钟左右，去除水分。
5 分数次加入20g的3均匀搅拌，将面团放入湿布中收紧塑形。

染色
1 面团的一部分先染色后揉捏均匀。
2 将2种颜色的面团摆在湿布上，像挤茶巾一样收紧。

多种染色剂

材料
黑芝麻糊……适量

使用方法
用少量面团直接蘸取黑芝麻糊，染上黑色。再加入剩余的面团揉捏至整体颜色均匀。

黑芝麻

材料
紫薯粉……适量

使用方法
用少量面团直接蘸取紫薯粉，染上紫色。再加入剩余的面团揉捏至整体颜色均匀。

紫薯粉

材料
食用红色素……适量

使用方法
用少量面团直接蘸取食用红色素，染上红色。再加入剩余的面团揉捏至整体颜色均匀。

食用红色素

材料
抹茶……适量

使用方法
用少量面团直接蘸取抹茶，染上绿色。再加入剩余的面团揉捏至整体颜色均匀。

抹茶

Dorayaki

铜锣烧

丰富的豆沙馅尤为刺激食欲。由于外形不易损坏，当做礼物也是不错的选择。

多种馅料

低筋面粉

上白糖

豆沙馅

蛋白

蛋黄

水

苏打

水

日式甜料酒

上白糖

淡奶油红豆馅

材料（易制作的分量）
淡奶油……200g
红豆馅……200g

做法
碗中放入淡奶油打至八分发，面饼烤好后夹入奶油和红豆馅即可。

栗子红豆馅

材料（易制作的分量）
甜煮栗子……50g
红豆馅……200g

做法
面饼烤好后夹入4等份的甜煮栗子和红豆馅即可。

材料（10个份）
面团
低筋面粉……150g
小苏打……1.5g
水……45mL
蛋黄……3个
上白糖……140g
A | 糖水……30g
  | 日式甜料酒……30g
蛋白……3个份
豆馅
红豆馅……300g
水……70mL
上白糖……5g

事前准备
• 低筋面粉过筛。
• 小苏打用少量水化开。

做法
1 碗中放入蛋黄搅散，分2次加入上白糖充分搅拌，再加入A。
2 加入小苏打和水继续搅拌。
3 加入低筋面粉轻轻搅拌。
4 另一个碗中加入蛋白打至七分发，分2次加入3中轻轻搅拌。
5 锅中放入豆馅的材料加热，煮至变软。
6 加热平底锅，倒入少许色拉油（材料表外），倒入4，待面饼表面有气泡后翻面，使两面都带有烤色。
7 烤好后2片面饼一组夹入5。

基础做法

大福

材料（8个份）
红豆馅……200g
糯米粉……100g
水……150mL
上白糖……45g
豌豆（煮）……50g

事前准备
● 红豆馅8等分揉圆。

← 详细步骤参照P.126

1 红豆馅揉圆
红豆馅8等分，揉圆。

↓

2 糯米粉加水
锅中放入糯米粉后一点点加水搅拌。

↓

3 搅拌至顺滑
搅拌至面糊顺滑没有黏块。

4 加热
加热时不断用木勺搅拌，直至面糊有黏性。

↓

5 加入上白糖
面糊呈半透明状且有黏性后将锅从火上拿下来，分3或4次加入上白糖，每次加入糖后都需中火加热并搅拌。

↓

6 加入豌豆
面糊有透明感后加入豌豆。

防止豆子破裂

7 轻轻搅拌

为防止豆子破裂轻轻搅拌。

↓

8 将面团放在太白粉上。

太白粉铺满方形平底盘，将面团放在上面散热。

↓

9 用刮刀8等分

将裹满太白粉的面团8等分。

将多余的太白粉撒满里面

10 将面团擀成圆形，放入红豆馅

将面团擀成直径7cm大的圆形，放入红豆馅。

↓

11 用指尖收口

用指尖将面团包紧、收口。

↓

12 揉圆塑形

收口向下翻转，揉圆、塑形。

Mame daifuku

红豆大福

软糯的外皮与红豆的搭配效果绝佳。也可以改用带有咸味的红豌豆来挑战一下。

多种馅料

草莓红豆馅

材料（8个份）
红豆馅……160g
草莓……8个

做法
参照红豆大福的做法，事前准备中就将草莓顶端向上包入红豆馅中揉圆。

栗子红豆馅

材料（8个份）
红豆馅……160g
甜煮栗子……8个

做法
参照红豆大福的做法，事前准备中就将栗子包入红豆馅中揉圆。

糯米粉

水

红豆馅

豌豆

上白糖

材料（8个份）
红豆馅……200g
糯米粉……100g
水……150mL
上白糖……45g
豌豆（煮）……50g

事前准备
● 红豆馅8等分，揉圆。

做法（参照P.124）
1 锅中放入糯米粉后一点点加水搅拌至顺滑。
2 持续用中火加热。
3 面糊呈半透明状且有黏性后关火，分3或4次加入上白糖，每次加入糖后都需中火加热并搅拌。
4 加入豌豆搅拌。
5 将太白粉（材料表外）铺满方形平底盘，将4放在上面，裹满太白粉后8等分。
6 取一个放在手中压扁，将多余的太白粉撒满内侧。放入红豆馅包住收口，收口向下翻转，揉圆、塑形。

Kashiwa mocha

柏饼

端午节必不可少的节日甜品，刚出锅时最为香甜。

材料（10个份）
面团
粳米粉……120g
糯米粉……45g
低筋面粉……15g
太白粉……15g
热水……180～200mL
红豆馅……200g
橡树叶子……10片

粳米粉　热水　红豆馅　低筋面粉　太白粉　糯米粉　橡树叶子

事前准备
● 红豆馅10等分，揉圆。
● 橡树叶子用热水煮10分钟后过凉水，甩干水分。

做法
1 耐热容器中放入面团的材料混合，分次加入热水搅拌。
2 搅拌至提起刮刀后面糊如水流下的状态。
3 包裹保鲜膜，放入微波炉（600W）内加热1分钟后取出充分搅拌，再加热2分钟后取出，充分搅拌。
4 重复几次放入微波炉（600W）内加热1分钟充分搅拌的动作，直至面团有黏性。
5 将面团取出，充分揉搓后切成10等份。
6 放入手中压成椭圆形，包入红豆馅，再用橡树叶子包住。

Steamed bean-jam bun

红豆包

与蒸汽一同弥漫而来的朴素温和的
香味。

红豆馅

低筋面粉

水

发酵粉

上白糖

材料（10个份）
低筋面粉……100g
发酵粉……1/2小勺
上白糖……35g
水……3大勺
红豆馅……200g

事前准备
- 红豆馅10等分，揉圆。
- 低筋面粉与发酵粉混合后过筛。
- 加热蒸锅。

做法
1 小锅中放入上白糖和水加热，直至上白糖溶化。
2 碗中放入面粉，分次加入1搅拌。
3 搅拌至整体看不见粉类后，将其放在撒满太白粉（材料表外）的案板上，揉捏成光滑的面团。
4 面团10等分后放在手心中压平，包住红豆馅后收口向下。
5 将4放入蒸锅中蒸10分钟左右。

多种面团

材料（10个份）
低筋面粉……100g
A ┌ 黑糖……50g
　 └ 水……30mL
水……2小勺
小苏打……2g
红豆馅……200g

事前准备
- 红豆馅10等分，揉圆。
- 低筋面粉过筛。
- 加热蒸锅。
- 小苏打用水（材料表外）化开。

做法
1 锅中放入A加热，直至糖溶化。
2 加入小苏打水搅拌后再放入低筋面粉。
3 参照红豆包做法的3和4包住红豆馅。
4 放入蒸锅中蒸10分钟左右。

黑糖馒头

Kusa mochi

草饼

艾草的香味蔓延开来，那是迷人的春日气息。

材料（12个份）
糯米粉……200g
上白糖……20g
艾草粉……20g
热水……280mL
红豆馅……240g

事前准备
● 红豆馅12等分，揉圆。

多种顶部装饰

黄豆粉

材料
黄豆粉
……适量

做法
将黄豆粉撒在年
糕上即可。

材料
白芝麻碎……适量

做法
将白芝麻碎撒在年
糕上即可。

白芝麻碎

做法
1 耐热容器中放入糯米粉、上白糖和艾草粉，分次加入热水搅拌均匀。
2 包好保鲜膜后用微波炉（600W）加热2分钟，取出搅拌。
3 再次分别用微波炉（600W）加热2分钟、1分钟，并且每次充分搅拌，直至面团有黏性。
4 将面团放在湿布上用手揉搓，趁热搓成棒状后12等分。
5 将小面团放在手中压圆，包好红豆馅后收口。

Sakura mocha

樱饼

如花瓣一般粉嫩可爱的甜点。用樱树叶子包裹后赏花时食用吧!

道明寺樱饼

材料(10个份)

水……180mL
食用红色素……少许
红豆馅……200g
樱树叶子
(盐渍)……10片
道明寺粉……120g
上白糖……20g
盐……1小撮

事前准备

- 用水将食用红色素化开。
- 红豆馅10等分,揉圆。
- 樱树叶子浸泡水洗后擦干水分。

做法

1 耐热容器中放入道明寺粉,加入稀释的食用红色素搅拌均匀。
2 包裹保鲜膜后用微波炉(600W)加热5分钟,去掉保鲜膜盖布蒸10分钟左右。
3 加入上白糖和盐充分搅拌。
4 放凉后包裹保鲜膜,搓成棒状后10等分。
5 将面团放在手心中压平,包入红豆馅后收口向下,再次分别用微波炉(600W)加热2分钟、1分钟,并且每次充分搅拌,直至面团有黏性。
4 将面团放在湿布上用手揉搓,趁热搓成棒状后10等分。
5 将小面团放在手中压圆,包好红豆馅收口,做成柱状,卷上樱树叶子。

长命寺樱饼

材料(10个份)

红豆馅……250g
水……120mL
食用红色素……少许
A 低筋面粉……90g
　 上白糖……60g
樱树叶子(盐渍)……10片
糯米粉……1.5小勺

色拉油……适量

事前准备

- 红豆馅10等分,做成柱状。
- 用水将食用红色素化开。
- 低筋面粉过筛。
- 樱树叶子浸泡、水洗后擦干水分。

做法

1 碗中放入糯米粉,加入稀释的食用红色素搅拌均匀。
2 另一个碗中放入A,分次加入1,用橡胶刮刀搅拌。
3 搅拌至面糊颜色均匀,且提起刮刀后面团快速滴落的程度。
4 加热平底锅,涂抹薄薄一层色拉油,倒入1大勺面糊做成椭圆形。
5 面糊烤得表面干燥后不翻面,直接取出放在烘焙纸上放凉。
6 面饼放凉后卷入红豆馅,再用樱树叶子包住。

Dango

团子

不论大人还是小孩都喜爱的甜点。丰富多变的口味也是它的魅力所在。

多种糖汁

芝麻糖汁

材料（8根份）
黑芝麻糊……20g
上白糖……10g
太白粉……1小勺

做法
碗中放入材料后，搅拌至黏稠即可。

豆沙糖汁

材料（8根份）
红豆馅……200g
上白糖……15g
水……50g

做法
锅中放入材料，加热至即将煮沸时关火放凉即可。

糯米粉

热水

水

粳米粉

酱油

上白糖

日式甜料酒

太白粉

材料（8根份）
团子
粳米粉……80g
糯米粉……80g
热水……150mL
糖汁
水……50mL
上白糖……3大勺
酱油……1大勺
日式甜料酒……1小勺
太白粉……1小勺

做法
1 碗中放入粳米粉和糯米粉，分次加入热水，揉捏至耳垂一般柔软后32等分，揉圆。
2 小锅中放入热水煮沸，放入1，等其浮上水面后过冷水。
3 小锅中放入糖汁的材料，中火加热，搅拌至汁液黏稠。
4 将2串在竹签上，4个1串共做8串，将3淋在上面。

金锷烧

材料
（11cm×14cm玉子豆腐器1个份）
琼脂粉……3g
水……70mL
上白糖……50g
红豆馅……350g
面皮
糯米粉……10g
水……60mL

上白糖……20g
低筋面粉……50g
色拉油……适量

事前准备
低筋面粉过筛。

← 详细步骤参照P.137

1 将红豆馅蘸满搅拌好的面皮材料
参照P.137中1、2制作红豆馅。将红豆馅的一面蘸满面皮材料。

↓

注意不要烤焦

2 用平底锅烤
分别烘烤6个面，注意不要烤焦。

葛粉

材料
（11cm×14cm玉子豆腐器1个份）
葛粉……75g
水……150mL

事前准备
- 玉子豆腐器用水浸湿。
- 玉子豆腐器放入大锅中，用热水煮沸。

← 详细步骤参照P.135

用手搅拌均匀

1 葛粉加水搅拌均匀
碗中放入葛粉，一点点加水，用手搅拌均匀。

2 过滤面糊
用滤网过滤面糊。

3 将面糊倒入模具中
将1饭勺的面糊倒入模具中。

4 容器要浮在热水上
容器要浮在沸腾的热水上。

5 将容器压入水中
面糊表面凝固后，压入热水中。

拿出来 面糊变半透明后

6 拿出水中
面糊变为半透明后取出，连同容器一起泡在水里，用竹签由四周插入取出，切成细长条。

Milk agar

牛奶琼脂

牛奶温和的味道让人回味无穷。由于制作简单，所以尤为推荐当做甜品食用。

多种口味

牛奶

上白糖

琼脂粉

黑蜜

材料（11cm×14cm玉子豆腐器1个份）

琼脂粉……4g
水……300mL
黑糖……80g

做法

1 锅中放入水和琼脂粉后加热，煮沸至琼脂溶化。
2 加入黑糖，待其溶化后关火，倒入模具中放入冰箱内冷藏凝固。

柚子

材料（11cm×14cm玉子豆腐器1个份）

琼脂粉……4g
水……300mL
上白糖……100g
柚子皮……适量

做法

1 锅中放入水和琼脂粉后加热，煮沸至琼脂溶化。
2 加入上白糖，待其溶化后关火，加入磨碎的柚子皮后倒入模具中，放入冰箱内冷藏凝固。

材料（11cm×14cm玉子豆腐器1个份）

水……100mL
牛奶……200mL
琼脂粉……4g
上白糖……120g

做法

1 锅中放入水、牛奶和琼脂粉后加热，煮沸至琼脂溶化。
2 加入上白糖，待其溶化后关火，倒入模具中放入冰箱内冷藏凝固。

Kudzu kiri

葛粉

Q弹爽滑的口感让人停不了嘴，适合夏季的清凉甜品。

材料（11cm×14cm玉子豆腐器1个份）
葛粉……75g
水……150mL
黑蜜……适量

事前准备
● 玉子豆腐器用水浸湿。
● 玉子豆腐器放入大锅中用热水煮沸。

做法（参照P.133）
1 碗中放入葛粉，一点点加水搅拌均匀，用滤网过滤。
2 将1饭勺的面糊倒入模具中。
3 锅中热水烧开后改小火，让容器浮在热水上。
4 面糊表面凝固后将模具压入热水中，直至面糊变半透明。
5 将容器取出，泡在凉水里，用竹签由四周插入取出，切成细长条。盛入碗中淋上黑蜜。

黑蜜

水

葛粉

多种顶部装饰

材料
红豆馅……适量

做法
在淋上黑蜜的葛粉上按照喜好撒红豆馅。

红豆馅

材料
黄豆粉……适量

做法
在淋上黑蜜的葛粉上按照喜好撒黄豆粉。

黄豆粉

Yubeshi

柚饼子

蒸熟的糯米粉带来的软糯口感。乡土气息浓郁的甜美点心。

材料（11cm×14cm玉子豆腐器1个份）
核桃……50g
上白糖……150g
酱油……1大勺
水……80mL
糯米粉……90g

事前准备
- 核桃用烤箱烘烤后切碎。
- 模具中铺一张烘焙纸。
- 加热蒸锅。

做法
1 锅中放入上白糖、酱油和水加热，直至上白糖溶化。
2 加入糯米粉充分搅拌，再加入核桃搅拌。
3 将面糊倒入模具内，用蒸锅蒸30分钟左右。
4 将面团取出，放在撒了太白粉（材料表外）的方形平底盘中，放凉后翻面。
5 切开后撒满太白粉。

多种口味

柚子酱

材料（11cm×14cm玉子豆腐器1个份）
上白糖……150g
柚子酱……20g
水……80mL
柚子皮……1个
糯米粉……90g
太白粉……适量

做法
参照柚饼子的做法，在1中将酱油替换成柚子酱，2中将核桃替换成切碎的柚子皮即可。

黑芝麻

材料
（11cm×14cm玉子豆腐器1个份）
上白糖……150g
酱油……1大勺
水……80mL
黑芝麻……30g
糯米粉……90g
太白粉……适量

做法
参照柚饼子的做法，在2中将核桃替换成黑芝麻即可。

水果干

材料（11cm×14cm玉子豆腐器1个份）
A 杏干……4个
加州梅……4个
蔓越莓干……20g
葡萄干……20g
糯米粉……100g
水……150mL
上白糖……60g
太白粉……适量

做法
1 耐热碗中放入糯米粉，一点点加水搅拌，再放入上白糖。
2 包好保鲜膜后用微波炉（600W）加热3分钟，充分搅拌。
3 加入切碎的A，用微波炉加热2～3分钟，再放入撒满太白粉的方形平底盘中，切成易食用的大小。

Kintsuba

金锷烧

内里塞满的红豆对于热爱豆沙的人来说是最为奢华的日式甜品。

水 红豆馅 低筋面粉 水

上白糖 上白糖 糯米粉

琼脂粉 色拉油

材料（11cm×14cm
玉子豆腐器1个份）

琼脂粉……3g
水……70mL
上白糖……50g
红豆馅……350g
面皮
糯米粉……10g
水……60mL

上白糖……20g
低筋面粉……50g
色拉油……适量

事前准备
● 低筋面粉过筛。

做法
1 锅中放入琼脂粉和水，中火加热，煮沸至琼脂完全溶化再加入上白糖。
2 关火后加入红豆馅搅拌，倒入模具中。抹平表面放入冰箱内冷藏凝固，再9等分。
3 制作面皮。碗中放入糯米粉，分次加入水搅拌至没有黏块。
4 完全搅拌好后按照上白糖、低筋面粉的顺序放入搅拌，直至提起刮刀后面糊呈快速滑落的状态。
5 加热平底锅，涂抹薄薄一层色拉油，将2的每一面都蘸上4后放入锅内烘烤（参照P.132）。

甜薯蛋糕

红薯绵软甘甜的味道如果搭配肉桂，又是一种新的美味。

材料（4个份）
红薯……200g	盐、肉桂……各少许
细砂糖……20g	酥皮用
黄油（无盐）……10g	蛋黄……1个
牛奶……1大勺	
蛋黄……1个	事前准备
	● 烤箱180℃预热。

做法
1 红薯去皮，切成1cm厚的片后浸泡。
2 小锅中放入1，再加足以没过食材的水，煮至红薯变软后倒掉水。
3 小火加热，用木勺碾碎红薯，去除里面多余的水分。
4 加入细砂糖、黄油和牛奶后搅拌。
5 加入蛋黄，搅拌至有黏性，最后加入盐和肉桂。
6 倒入纸杯中，表面用刷子涂抹蛋黄，放入180℃的烤箱内加热20分钟左右。

（图中标注：牛奶、细砂糖、红薯、黄油、蛋黄、肉桂、盐、蛋黄）

多种口味

甜南瓜蛋糕

材料（4个份）
南瓜……300g
细砂糖……20g
黄油（无盐）……10g
蛋黄……1个
牛奶……1大勺
盐、肉桂……各少许

A 蛋黄……少许
　水……少许

事前准备
● 烤箱180℃预热。

做法
1 南瓜去皮切成小块，放入耐热容器中，包好保鲜膜用微波炉（600W）加热至南瓜变软，取出后将其碾碎。
2 加入细砂糖、黄油、蛋黄、牛奶、盐和肉桂后搅拌。
3 倒入纸杯中，表面用刷子涂抹A，放入180℃的烤箱内加热20分钟左右。

Castella

蜂蜜蛋糕

入口即溶的绝佳口感搭配蜂蜜的香甜味道，外观虽普通却是无比的美味。

材料（15cm的方形模具1个份）
高筋面粉……60g
低筋面粉……20g
鸡蛋……3个
上白糖……80g
蜂蜜……2大勺
热水……1大勺
日式甜料酒……少许

事前准备
- 高筋面粉和低筋面粉混合后过筛。
- 模具内铺一张烘焙纸。
- 鸡蛋的蛋黄和蛋白分开。
- 烤箱160℃预热。
- 蜂蜜用热水化开。

做法
1 碗中放入蛋白搅散，分2次加入上白糖搅打，直至提起搅拌器后蛋白顶端出现三角形。
2 分2次加入蛋黄充分搅打。
3 加入蜂蜜搅拌。
4 一次性加入所有面粉，从底部向上翻拌。
5 将面糊倒入模具中，手持模具轻轻摔打以去除里面的空气。放入160℃的烤箱内烘烤35分钟左右。
6 烤好后连同烤盘一同摔打以去除里面的空气，表面用刷子涂抹日式甜料酒，不脱模直接倒置放凉。

多种面糊

材料（易制作的分量）
高筋面粉……80g
A 鸡蛋……2个
　 蛋黄……1个
　 上白糖……80g
B 豆浆……40mL
　 蜂蜜……30g
色拉油……1大勺

事前准备
- 高筋面粉过筛。

- 模具内铺一张烘焙纸。
- 烤箱160℃预热。

做法
1 碗中放入A搅打发泡。
2 锅中放入B，加热至人体温度后关火，加入1充分搅拌。
3 加入高筋面粉，从底部向上翻拌，加入色拉油充分搅拌。
4 参照蜂蜜蛋糕做法的5和6。

豆浆蜂蜜

制作日式点心的用具

制作甜品的过程中，如若没有某些用具，可谓事倍功半。因此，让我们来认识一下必要的工具吧！

● 方形平底盘
浅底方形容器，使用巧克力做蛋糕的顶部装饰等时，可做托盘用。

● 橡胶刮刀
搅拌材料或将碗边的面糊刮干净等时必不可少的工具。推荐使用耐热性好的硅胶刮刀。

● 碗
搅拌材料或打发奶油、蛋白时使用，还可用做隔水加热或冰水冷却，因此推荐使用导热功能佳的不锈钢制品。

● 蛋糕架
将烤好的蛋糕放在上面来散热的工具。推荐圆形或方形架子。

● 擀面杖
擀面团或碾碎食材时使用。最好准备稍重的大号与轻便的小号2种。

● 筛粉网
过筛面粉与砂糖，或过滤混合的面糊。需要过滤的食材较少时，使用滤茶器更为便利。

● 抹刀
涂抹奶油类的刀，宽大的刀面十分方便涂抹。

● 刮刀
切面团或抹平、搅拌面团时必不可少的工具。

● 搅拌器
转速可选低速或高速，打发淡奶油与蛋白霜的必需品。

● 小锅
加热牛奶或制作酱汁时使用。

● 刀
将烤好的蛋糕切口或切成易食用的大小时使用。推荐使用刀刃有锯齿的刀具。

● 打蛋器
需要将面糊或淡奶油轻轻发泡，或混合搅拌时使用。选择适合自己手掌大小的即可。

● 刷子
涂抹黄油或糖汁时使用。

● 迷你塔模具
大小适合一口吃下的果子塔模具。使用方法与果子塔模具相同。

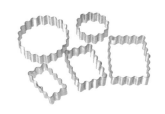

● 曲奇模具
形状、大小皆丰富多彩的曲奇模具。用之前要在上面撒一些面粉。

● 圆形模具
制作海绵蛋糕或奶酪蛋糕用的模具。如果蛋糕柔软易损坏，推荐使用活底的。

● 环形模具
无底的圆形框。直接放在烤盘上倒入面糊即可。尺寸从2.5cm～9cm均有。

● 甜甜圈模具
为甜甜圈塑形时使用。用前需撒粉。

● 烘焙纸
铺在烤盘或模具里，防止蛋糕黏连模具的纸。

● 磅蛋糕模具
毫无装饰的深底模具。有可直接做礼物的纸制和铝制品。

● 温度计
巧克力调温的必需品。还有易查看温度的电子型。

● 玛德琳蛋糕模具
令人印象极深的玛德琳蛋糕模具。需先涂抹黄油并撒粉后才可使用。

● 玉子豆腐器
制作羊羹或葛粉使用的工具，也是制作日式甜品必不可少的工具。

● 戚风蛋糕模具
中间的圆筒亦可导热。由于底部可活动，所以使用起来很方便。

● 重物
烘烤派皮或果子塔皮时使用。刚烤好时很热，注意不要烫伤。

● 裱花袋&裱花嘴
挤奶油时使用。推荐购买可重复使用的裱花袋。

● 费南雪模具
材质不仅有不锈钢、铝、马口铁，还有不涂抹黄油即可使用的硅胶制品。

● 果子塔模具
制作果子塔或派时使用。由于该类面团里含有许多黄油，因此可不涂抹黄油直接使用。

菓子的基本用语

菜谱中出现的专业术语和食材等，有不少人都是云里雾里，在这里汇总解释，免去大家查阅的辛苦，也算为制作甜品增添一份乐趣。

● 戳孔
顾名思义，是使用叉子或打孔器等给面团戳孔。这样做是为了让果子塔和派的面团能更好地膨胀。

● 顶部装饰
蛋糕等表面的装饰，由于是最上层的装饰，因此指的是涂抹奶油等装饰后才撒落的坚果、银珠糖等。

● 蛋白霜
将蛋白与砂糖打发至前端可竖起三角形。随后可直接挤在烤盘上烘烤，也可以揉进面团里打造松软无比的口感。

● 干粉
为了防止面团黏在擀面杖上而撒的粉。高筋面粉或低筋面粉均可，但高筋面粉很难混进面团里。

● 过滤
使用万能过滤器或滤茶器过滤面糊，可使面糊更顺滑。

● 干烤
将果子塔或派的面团铺在模具里，不放馅料直接烘烤。

● 果泥
将生的水果等直接碾碎过滤得到的东西。

● 过筛
将低筋面粉、发酵粉等粉类通过筛子，从而使面粉里含有空气，更易揉成面团。

● 隔水加热
将碗底放在热水中，慢慢加热食材的烹饪方法。注意不要让热水流进碗里。

● 隔水烘烤
烘烤奶酪蛋糕时所使用的方法。先将模具（带底的）放在烤盘上，再在烤盘里倒入热水进行烘烤。此烘烤方法能让蛋糕更紧实。

● 焦糖
将细砂糖等糖类放入锅中加热至略焦的茶色糖浆，再加入水稀释即可制作成焦糖。

● 酱汁
使用果汁或果肉制作的液态奶油或巧克力等的奶油。可作为夹馅，或淋在甜点上。

● 搅打奶油
将冰冷的淡奶油打发。根据用途可在里面添加砂糖、洋酒等。

● 立起三角形
指打发淡奶油或蛋白霜时，提起打蛋器后其前端会出

现三角形的状态。

● 黏块
小麦粉等未搅拌均匀时所残留的颗粒状小面团。

● 切拌
将刮刀或橡胶刮刀竖着拿，像刀切一样划开面团搅拌。这种搅拌方法可防止面团产生黏性。

● 轻轻搅拌
一方面防止奶油等消泡，另一方面防止其产生黏性。使用木勺或橡胶刮刀从碗底翻刮搅拌面糊等。

● 泡软
将吉利丁等浸泡在水里使其变软。

● 人体温度
指与人体体温一样的36～37℃。手指插入其中会感觉微微有些热。

● 揉面团
将面粉揉成团。

● 散热
将加热的食材或刚烤好的点心冷却至可用手触摸的程度。

● 室温软化
将从冰箱取出的黄油、鸡蛋等放在室温中，变回与室温相同的18～20℃。这样的黄油更易使用，而鸡蛋易打发。

● 糖衣
通过将酒、果汁、水等液体加入糖粉搅拌制作而成。也就是烤点心和水果外面包裹的砂糖衣。

● 馅料
指的是塞在甜点里面的东西，也指派或果子塔内里的食材。

● 饧面
揉好面团后放置片刻。多数时候会放入冰箱冷藏或冷冻。让面团发酵，烤出来会更漂亮。

● 压拌
用橡胶刮刀或打蛋器边压边搅拌。搅拌砂糖、黄油等不易混合的东西时使用这种方法。

● 装饰
对蛋糕的装点。在蛋糕上用奶油奶酪、淡奶油、巧克力等奶油或水果皆可。

奶油&酱汁等菜谱索引

风味、颜色应有尽有的奶油与酱汁，装饰在特定的甜品上魅力无限，但即便是装点在外形朴素的糕点上也未尝不可。

图书在版编目（CIP）数据

菓子，西式&日式/热烤&冷冻 / 日本主妇之友社主编；
谷雨译. -- 北京：光明日报出版社，2016.11
ISBN 978-7-5194-2224-0

Ⅰ.①菓… Ⅱ.①日… ②谷… Ⅲ.①食谱 Ⅳ.
①TS972.12
中国版本图书馆CIP数据核字(2016)第249579号

著作权合同登记号：图字01-2016-7396

Zairyo Ga Hitome De Wakaru! Tetsukuri Okashi Techo Yokubari Recipes 320
© Shufunotomo Co., LTD.2015
Originally published in Japan in 2015 by SHUFUNOTOMO CO., LTD.
Chinese translation rights arranged through DAIKOUSHA INC., Kawagoe.

菓子，西式&日式 / 热烤&冷冻

主 编：[日]主妇之友社	译 者：谷雨

责任编辑：李 娟　　　　　　　策 划：多采文化
责任校对：于晓艳　　　　　　　装帧设计：水长流文化
责任印制：曹 净

出 版 方：光明日报出版社
地 　址：北京市东城区珠市口东大街5号，100062
电 　话：010-67022197（咨询）　传 真：010-67078227，67078255
网 　址：http://book.gmw.cn
E- m a i l：gmcbs@gmw.cn lijuan@gmw.cn
法律顾问：北京德恒律师事务所龚柳方律师

发 行 方：新经典发行有限公司
电 　话：010-62026811　　E- mail：duocaiwenhua2014@163.com

印 　刷：北京艺堂印刷有限公司
本书如有破损、缺页、装订错误，请与本社联系调换

开 　本：750×1080　1/16
字 　数：140千字　　　　　　　印 张：9
版 　次：2016年11月第1版　　印 次：2016年11月第1次印刷
书 　号：ISBN 978-7-5194-2224-0

定 　价：59.80元